生活因阅读而精彩

生活因阅读而精彩

魔律

万变世界绝对不变的神奇定律

韦柏◎著

中国华侨出版社

图书在版编目(CIP)数据

魔律：万变世界绝对不变的神奇定律 / 韦柏著.—北京：
中国华侨出版社,2013.12

ISBN 978-7-5113-4292-8

Ⅰ.①魔… Ⅱ.①韦… Ⅲ.①成功心理–通俗读物
Ⅳ.①B848.4–49

中国版本图书馆 CIP 数据核字(2013)第286593 号

魔律：万变世界绝对不变的神奇定律

著　　者 / 韦　柏

责任编辑 / 若　溪

责任校对 / 李向荣

经　　销 / 新华书店

开　　本 / 787 毫米×1092 毫米　1/16　印张/17　字数/294 千字

印　　刷 / 北京建泰印刷有限公司

版　　次 / 2014 年 1 月第 1 版　2014 年 1 月第 1 次印刷

书　　号 / ISBN 978-7-5113-4292-8

定　　价 / 32.00 元

中国华侨出版社　北京市朝阳区静安里 26 号通成达大厦 3 层　邮编：100028
法律顾问：陈鹰律师事务所

编辑部：(010)64443056　　64443979
发行部：(010)64443051　　传真：(010)64439708
网址：www.oveaschin.com
E-mail：oveaschin@sina.com

前　言

世界上一切成功都有章可循，有律可依。一直以来，有一种神秘的力量，影响着我们的世界。大千世界，规律无时不有，无处不在，它们每一分、每一秒都潜藏于我们的生活、工作、事业、交际、婚姻中。这些神秘的力量，就像一种魔力，偷偷地潜入我们周围，无时无刻不散发着功力，对我们的思想和行为产生重要影响。

这些神秘的力量就是长期以来影响世界发展的定律，因为它们拥有魔法一般的力量，我们姑且称之为魔律。譬如，像多米诺骨牌效应、马太定律、晕轮定律等这些定律，就是万变世界中绝对不变的神奇定律。本书归纳了大量重要的足以改变人生的定律，同时提供了大量事例作为佐证，证实这些定律的强大魔力。

世界万变，定律不变。在个人成长、成功的道路上极为需要智慧的时代，如果不能充分尊重和利用这些定律，顺势而为，我们就会走很多弯路，就会常常"瞎干"、"盲干"，把简单事情复杂化，永远都做不到点子上，生活和工作一团糟，抑郁而不得志。如果你懂得如何利用这些定律来影响自己的生活，那么，你的生活就不会按部就班，原地踏步，抑或是倒退如流，了解并使用这些魔律，你的生活和世界将会发生巨大的变化，你将改变生活现状。

成功与失败之间，幸福与挫折之间，甜美与苦痛之间，都有一种规律来左右，你选择遵守并坚持，你就能成就成功人生。

本书涵括了万变世界中绝对不变的神奇定律，向广大读者全面、细致地阐述了这些定律在支配个人、团体思想和行为时的强大作用，生动地体现了这些定律在人们生活和工作中产生的巨大影响力，通过阅读、了解并掌握这些定律，能够改变我们的行为。

CONTENTS
目录

Part 1

万变世界绝对不变的命运魔律

深信定律：相信是万能的开始 \ 002

当下定律：无须用现在的时光为过去买单 \ 005

应得定律：辛勤耕耘者不会总是颗粒无收 \ 006

机会定律：弱者等待时机，强者创造时机 \ 009

显现定律：持续是显现的能量 \ 010

错误定律：同样的错误只能犯一次 \ 013

幸福定律：幸福不在明天，也不在昨天 \ 015

相关定律：万物相关，让你的思维转个弯 \ 018

吸引定律：心想事成的强大气场 \ 020

古特雷定律：不间断的目标使你奔向梦想 \ 023

吉格勒定律：你想跳多高，就能跳多高 \ 025

Part 2

万变世界绝对不变的生活魔律

除草定律：专注是抵达目标的路径 \ 030

行动定律：十个想法不如一个行动 \ 035

辐射定律：魅力让你光芒四射 \ 039

替换定律：快乐的人没烦恼 \ 041

惯性定律：走出自己为自己设定的圈子 \ 043

需求定律：需求是永远的追求 \ 045

拒绝定律：拒绝，也是一种选择 \ 047

承诺定律：没有承诺就没有成功 \ 049

羊群效应定律：擦亮双眼不跟风 \ 051

蝴蝶效应定律：一件小事也能引发的巨变 \ 055

美即好定律：表面现象总能迷惑人 \ 058

近因定律：最近的印象很重要 \ 061

Part 3

万变世界绝对不变的处世魔律

80/20 定律：牵住"牛鼻子" \ 066

宽恕定律：一切的不宽容都来源于忌妒 \ 070

皮格马利翁定律：你期望什么，就会得到什么 \ 072

负责定律：带着责任去战斗 \ 078

晕轮定律：具有光环一样的魔力 \ 084

托利得定律：减少一个敌人，胜过增加一个朋友 \ 088

蜕皮效应定律：不断的超越是成功的精髓 \ 089

卢维斯定律：谦虚不是把自己想得很糟 \ 092

福克兰定律：停下脚步看看周围的世界　\ 094

王安定律：犹豫是成功最大的障碍　\ 098

Part 4

万变世界绝对不变的财富魔律

储蓄定律：留 10%储蓄明天　\ 102

运用定律：每节约一分钱，就会使利润增加一分　\ 105

管理定律：理财方式决定你的"前途"　\ 109

投资定律：多一个篮子少一分风险　\ 113

欲望定律：把箭对准月亮，就可能射中老鹰　\ 115

250 定律：服务的胜利，就是竞争的胜利　\ 118

专一定律：忌"黑瞎子"掰苞米式理财　\ 120

头脑定律：将大脑变成"摇钱树"　\ 123

财商定律：身无分文，也能赚钱　\ 125

选择定律：今天的生活来自昨天的选择　\ 128

Part 5

万变世界绝对不变的团队魔律

马太定律：保持"领头羊"的优势　\ 132

坎特定律：每一个生命都值得尊重　\ 134

手表定律：一个企业只能采取一种价值标准 \ 137

不值得定律：不要被不值得的事消耗精力 \ 139

彼得原理：马始终都是马 \ 142

大荣原则：人才是企业的"潜力股" \ 144

华盛顿合作定律：不做冷漠的旁观者 \ 147

邦尼人力定律：内耗是团队管理中"第一杀手" \ 150

木桶定律：让"短木板"变长 \ 152

蘑菇管理定律：走出职业中的"蘑菇期" \ 155

奥卡姆剃刀定律：复杂的事情简单做 \ 157

赫勒定律：没有有效的监督，就没有工作的动力 \ 160

刺猬定律：离不开的"安全距离" // 162

鲦鱼效应定律：惯性思维的魔鬼法则 \ 165

权威暗示效应定律：你有权利向权威挑战 \ 167

奥格尔维定律：一流的人才，才能造就一流的公司 \ 169

皮尔卡丹定律：人员组合的游戏 \ 172

德尼摩定律：知人善任才能成就事业 \ 175

Part 6

万变世界绝对不变的创业魔律

多米诺效应：一日的荒废，可能是一生荒废的开始 \ 180

史提尔定律：团队时代的合作 \ 182

鲶鱼定律：竞争是生存永久的活力 \ 185

服从定律：不理解的也要服从 \ 187

累积定律：命运是每一天生活的积累 \ 189

重复定律：成功离不开坚持到底的信念 \ 191

破窗定律：不可触摸的热炉 \ 193

快鱼定律：快与慢，是成败的关键 \ 195

蓝斯登定律：员工需要快乐地工作 \ 197

懒蚂蚁定律：既要选择"勤蚂蚁"，也要选择"懒蚂蚁" \ 199

马蝇效应定律：马蝇的叮咬，是马奔跑的动力 \ 200

超限效应：逆反是过多刺激后的反应 \ 202

韦特莱法则：做别人不愿意做的事情 \ 204

Part 7

万变世界绝对不变的职场魔律

自律定律：自律是成功的阶梯 \ 210

尴尬定律：苦干加巧干才等于成功 \ 213

加班定律：优秀的人会高效的完成工作 \ 215

转移定律：坏情绪是人际关系的无形杀手 \ 218

竞争定律：真正的胜利者用实力说话 \ 220

归因定律：错误若未及时铲除，就会到处蔓生 \ 222

Part 8

万变世界绝对不变的两性魔律

视觉定律：思想是男人的肌肉 \ 226

光环效应：爱情也有保鲜期 \ 227

寻偶定律：男人要去爱，女人要被爱 \ 230

结婚定律：婚姻是爱情的新生，而不是坟墓 \ 232

表现定律：爱情中的小殷勤 \ 234

变化定律：读懂男人外刚内柔的心 \ 236

爱人定律：浪漫是维持感情的鸡精 \ 238

酸葡萄定律：吃得到的葡萄最甜 \ 240

求爱定律：爱情的追逐游戏 \ 242

初坠情网定律：都是甜言蜜语惹的祸 \ 244

初恋定律：在燃烧中拥抱爱情 \ 246

热恋定律：热恋中的行为易出偏差 \ 248

争吵定律：争吵，恰到好处才是好 \ 249

家庭观念定律：男人经营事业，女人经营家庭 \ 252

婚前婚后定律：情感岁月中的能量守恒 \ 254

Part 1
万变世界绝对不变的命运魔律

人生如航行，虽然我们不能控制风的方向，却可以调整帆的方向。无论风向如何，调整好自己的帆，就能顺利到达成功的彼岸。掌控好命运的帆，做自己命运的主人，你就能战胜一切困境。

深信定律：相信是万能的开始

许多创业者的成功事例都证明了信任的伟大力量。在这个世界上，新思想总是层出不穷，而成功的创业者常常就是那些真正相信它并积极地将其转化为物质财富的人。杨致远创造的雅虎神话，就是他坚信新思想并为之努力拼搏的结果。

1993 年底，杨致远迷上了全球网络。当时，他正在美国斯坦福大学电机研究所攻读电机工程博士学位。与他有着共同嗜好的还有学友大卫·费洛。俩人一拍即合，建立了一个工作室，整天捣弄网络。在研究工作中，他们发现，国际网络的范围极为广泛，要找一个题目往往要耗费很长时间。如果能发明一套搜寻软件，对查寻结果进行分门别类的组织，这样使用网络资料就方便多了。

俩人一拍即合，决心共同开发这种搜寻工具。在随后的日子里，他们每天只休息几小时，专心于新工具的开发设计。

第一个年头的研究，让俩人不寒而栗。做这种前无古人的开创性发明，实在是相当艰难。但俩人坚信这一工作具有巨大价值，决心克服困难进行下去。

第二年，杨致远首先取得突破性进展，开发出了一种全球资料目录软件，并为它取名"雅虎"（YAHOO!）。

杨致远将这个目录软件放在了自己的主页上，这一做法使得访问者络绎不绝。

众多网友纷纷进入斯坦福大学电机系的工作站，要求获得这套软件的使用权，这一现象使校方备感困扰，开始抱怨这项发明影响到了学校电脑的正常运行。

看到这项发明如此大受欢迎，杨致远萌生了寻找投资者的想法。当他与费洛商议之后，俩人决心将这项发明推向市场。

杨致远与费洛开始积极活动，为这项新发明寻找投资商。他们找到了国际购物网络的创始人亚当斯，当时他已是硅谷一名成功的企业家。对这一新产品，亚当斯很感兴趣，提出不但帮助"雅虎"出世，还要将"雅虎"推介给硅谷的一家风险投资公司，并由这家公司帮助"雅虎"计划上市。对于这件事，亚当斯说："硅谷隔几年就会出现世界级著名企业人物，杨致远就是其中的一位。"

创建伊始，"雅虎"每周用户就多达七千万，每日为软件增加的新目录就达两百多条。由于它的检索系统实在方便，前景被普遍看好，广告收入也不断增多。结果，雅虎一上市就一鸣惊人，风头大出。

在总结自己成功的创业经历时，杨致远兴奋地说："只要有好的想法，就不要放弃，注以恒心和毅力，这样就有可能成功，因为世界上是什么事都有可能发生。"

对雅虎的发展有决定性影响的另一位重量级人物孙正义，也正是抱着对"好的想法"确信不疑，才创造出将雅虎从一个大学生网站资料手册发展成为国际大型网络公司的奇迹，并使它在数十个国家和地区里，牢牢占据着"第一门户"的特殊位置。

孙正义对网络的痴迷达到了"钟情"的程度，他曾说，"上网是一天中最重要的事情。"孙正义坚持认为"互联网是历史上最重要的一个发明，比汽车、电话、电视的发明还要重要"；他认定网络是未来经济的主要增长点，它能够给自己带来巨大的财富。

当有人向他介绍了雅虎的一些情况后，对这家由 5 名学生创立起来的不起眼的小公司，孙正义马上产生了兴趣。与杨致远等人的谈话只进行了半个小时，孙正义便决定投资雅虎公司，并先后把 36 亿美元投向雅虎。

正当几乎所有人都认为他疯了的时候， 1996 年，雅虎公司在纳斯达克挂牌上市。雅虎股价高举高打，孙正义卖掉了手中的一小部分股票，就换回了45 亿美元。

依靠自己，相信自己，这不应该只是自己个性的部分，还应该成为超越自我的工具。在奥运会上夺冠的运动员正是有效地运用了这个神奇的工具，才达到了超越自我并超越对手的目标。

 ·魔律要点·

一个人如果真正深信某件事会发生，不管这件事是善是恶、是好是坏，那么这件事都有可能真正地会发生在这个人身上。"深信自己会打破纪录"并"想象自己打破纪录的那个动作"，往往是运动员成功打破世界纪录的重要手段。

这是因为，一个人如果深信一件具有积极意义的事情一定会发生在自己身上，就会努力创造相应的条件，具有积极意义的事情就会如期而至。同样的道理，一位癌症患者如果深信自己命不久矣，这个人可能就会以更快的速度进入死亡的坟墓。

用有力的信念取代无力的信念，是修造命运的原则。由此看来，有好的信念是一种福。想给自己种福，必须树立好的信念。

当下定律：无须用现在的时光为过去买单

有的人会白日做梦，为昨天的错事苦恼不已，或者为将来的事成天忧心忡忡。这种人时常游离徘徊于当下之外，费了精神，伤了身体。

有的人在不自觉中做"筑墙行为"，祈求在自己心中创立一个理想中的世界，而不愿生活在真实的世界里。

很多退休的老人总是设法把自己弄得"很忙"，连一刻闲暇的时间都没有，即使有一刻空闲，也会打电话找朋友聊天，甚至一聊就是几小时。很多在压力之下工作的人，于痛苦中企图摆脱当下的无奈，蒙住自己的双眼，无视现实，然而结果并不遂人愿。

活在当下，能够做许多自己喜爱的事，甚至比他人更加努力、更有信心地做成许多常人做不成的事，而且没有忧虑、没有沉重压力的内心感受。

鲍额尔是一位名医，他接触到越来越多的因烦恼和忧虑而生病的人。总是有这样一种人，因为过于烦恼过去和忧虑未来而长期闷闷不乐，损害了健康。为了有效地医治好这类人的疾病，他给自己的病人开出了一个简单却有效的方子："每一个刹那都是唯一。"意思是说：我们活在今天，就要做好今天的事，做好了就行了，无须担忧明天或后天的事；我们活在此刻，就要好好珍惜此刻的光阴，每一个刹那都是唯一，都是一去不复返的。

鲍额尔医生说："无限珍惜此刻和今天，还有什么事情值得我们去担心呢？每天只要活到就寝的时间就够了，往往是那些不知抗拒者、那些烦恼着自己的人英年早逝。"的确如此,每天都处于忧虑中,身体就像一根绳子,拉来拉去,迟早有一天会拉断。

如果我们只活在每一个片刻,就没有时间后悔,也没有时间担忧,而只专注于眼前。聪明的人一次只咀嚼生命的一小段,因为这样才不会被噎到。

 ·魔律要点·

过去和未来都不存在,只有此刻才是真实的。创造命运的专注点和着手处只能是"当下",舍此别无他途。过去的已成为历史,怀念它只是白费时光。因为人不能控制过去,也无须用现在的时光为过去买单。如果人总是怀念过去,就会被内疚和后悔套牢,在祈求改变旧现实的苦闷中无法解脱;如果人总是担心将来,就会把不会发生的情况吸引到现实中来。正确的心态应该是,不管命运好也罢、坏也罢,只管积极调整好当下的思想、语言和行为,则命运会在不知不觉中向好的方向发展。

应得定律:辛勤耕耘者不会总是颗粒无收

究竟是"想成功",还是"一定要成功"?

"想"与"要"仅一字之差,但结果却有天壤之别。"要"虽也属渴望,但不止是停留在思维活动中,而是付诸实践,从而得到应得的成功;"想"表达渴望成功,但只是思维活动,往往得不到想得到的成功。

"想"，是盲目的和非现实的，也是随意的、想当然的。它至多只是一种向往或抱有一种侥幸心理。"想"成功者，其目标要么游移不定，要么好高骛远、不着边际，因而很难整合现有资源，很难有计划，也不容易找到落实的方法；要么心中尽力地想，手上却迟迟不动；要么行动不坚决、不彻底、不持久，一旦遭遇挫折，立即为自己找个"本来就只是想想而已"的借口，下台了事。

"要"则全然不同，它是有目的的和现实的，因而是明确的，会在付诸努力之后得到应得的成功。因而需要不断改变自己、检讨自己，创造条件，适应环境。

牛顿第一定律说，物体具有保持原来运动状态的性质，即惯性。其实，这不只是自然界特有的规律，人类社会也具有同样的特性，具有安于现状的倾向，即惰性。要重新唤醒成功的欲望，从潜意识上升到显意识，就得下"一定要成功"的决心。"一定要"不会凭空而起，下定决心也不会无缘无故。

南非黑人领袖曼德拉，为争取民族的自由、平等，与种族主义坚决作斗争。坐牢27年，但斗争一刻没有停止过。最后他成功了，成了南非历史上第一位黑人总统，并获得诺贝尔和平奖。他曾经说过，之所以为民族自由和平等挺身而出，"并不是受到神谕或一时的灵感和心血来潮，而是因一千次眼泪、一千次屈辱、一千次绝望和痛苦！"

就如没有无缘无故的爱也没有无缘无故的恨一样，必须为成功找一个强大的理由。这个理由越充分越刻骨铭心，成功的决心就越大，意志就越坚强。成功才有必要性，付出才可能持久。但是，这个理由决不可凭空捏造。

我国现代著名数学家苏步青出生在一个贫穷的农民家庭，父亲要拼命干活才能供他读书。他先在乡下念了三年私塾，后又到离家一百多里的县城小学读书。那时的苏步青非常贪玩，功课不好，一连三个学期都是班里倒数第一。

父亲又给他转了一所学校。一位关心他的老师见他读书不用功，就批评他说："你能在这里念书，是父母流血流汗、省吃俭用换来的，你这样不用功学习，如何对得起父母呢？"这一席话对苏步青震动很大，他第一次认识到自己错了。于是，他痛下决心，要好好读书。经过一年的努力，他的各科成绩一跃成为全班第一名。后来，他把数学作为自己的研究方向。中学毕业后，到日本留学，获博士学位，终成一代数学大家。

众所周知，唯有奋斗才能成功：这个道理是最容易理解的，却又是最难做到的。难就难在"屡战屡败，屡败屡战"的韧性和毅力。

离成功越近的地方，留下的遗憾往往越多。"英雄不比普通人更有运气，只是比普通人更能延续最后 5 分钟的勇气"，于是，少数"吃得苦中苦"的人，成了"人上人"。

伏尔泰说过："要在这个世界上获得成功，就必须坚持到底：剑至死都不能离手。"再看看自己的拳头，你还会发现，你的生命线有一部分还留在外面没有被抓住，它又能给你什么启示？命运大部分掌握在自己手里，但还有一部分掌握在"上天"的手里：那就是机遇；碰到了机遇，就一定要全力奋斗。

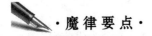 **·魔律要点·**

人只能得到自己应得的那一份，而不是自己想要的那一份。不属于你的，你劳心费神，手伸到棺材里也捞不到。辛勤耕耘者不会总是颗粒无收，坐享其成者终会一无所有。

机会定律：弱者等待时机，强者创造时机

机遇是公正的。抓住机遇，靠的是精确的判断和过人的胆识。机遇往往在瞬间就决定了一个人的人生和事业的命运；抓住机遇，就能彻底改变自己的命运和前途。机遇，是瞬间的命运！因此，我们应该学会当机遇不在时，要去寻找机遇；当机遇到来时，要善于发现机遇；发现机遇后，要抓住机遇；这是那种渴望成功的人应该具备的基本本领。

如果自己不去创造机会，那么就很可能被社会埋没。所以，我们要把握机会，善于创造机会。

机会偏爱有心、有才的人，它只留意那些有准备的头脑，只喜欢那些懂得追求它的人，只垂青有理想的实干家。倘若饱食终日，无所用心；或一遭遇处逆境就灰心丧气，悲观失望，那么，机会是不会主动来拜访的。"美辰良机等不来，艰苦奋斗人胜天。""自古英才多磨难，纨绔子弟少伟男。"这些诗句正表明了把握机会、寻求机会，对于人生是多么重要。

15岁的亨利向哥哥借了0.25美元，在报纸上刊登了一行小字广告：勤奋苦干、做事认真的少年求职。不久就被一家著名公司雇用了。他从做服务生开始，工作繁杂、紧张，薪金很低，但他脸上总是挂着微笑，对别人的工作也尽力帮助。后来，亨利受到董事长垂爱并获得资助，因开办制铁厂成为千万富翁。他的朋友钢铁大王卡耐基在自传里称赞说："亨利就是这样积极地创造机会，自动地开拓自己的前程。"

居里夫人说："弱者等待时机，强者创造时机。"不要等待你的机会出现，而要创造机会，直至达到成功。

请记住：对于懒惰者而言，即使是千载难逢的机会也毫无用处，而勤奋者却能将最平凡的机会变为千载难逢的机遇！

 **·魔律要点·**

优秀的人不会坐等机会的到来，而是寻找并抓住机会、把握机会、征服机会，让机会成为服务于他的奴仆。时刻寻找机会；在机会降临时，能果断、及时地把握它；当机会握在手中时，善于利用它并去争取成功：这是成功者必备的三种重要品质。生活中，每一天都会有机会，每一天都会有一个对某人有用的机会，每一天都会有一个前所未有的也绝不会再来的机会。

显现定律：持续是显现的能量

一匹老骆驼连续两次穿越了号称"死亡之海"的千里沙漠，凯旋归来，被称为英雄。

马和驴找到这位英雄学习经验。"其实没什么好说的"，老骆驼说，"认准目标，耐住性子，一步一步往前走，就到达了目的地。"

"就这些？没有了？"马和驴问。

"没有了，就这些。"

"唉!"马说,"我以为他能说出些惊人的话来,谁知简简单单三言两语就完了。"

"一点儿也不精彩,令人失望!"驴也深有同感。

其实,真理都是很简单的,就看你是否坚持去寻找。

一位 20 多岁的年轻推销员,跳槽来到办公机械设备销售公司。这位小伙子为了在激烈竞争的商战中取胜,将自己的月销售额定为 500 万日元。如果仅仅是订出目标,这是任何人都可以做到的。这里要说的是,他为实现目标采取了与常人不同的做法,从而获得了成功。

他将自己的目标写在纸上,贴到房间的墙壁上。规定自己每天早晨外出前必须大声朗诵目标内容。他还将自己的定额数值写进效率手册中。无论是在上班的路上还是在营销的途中,不断地确认自己当天指标、本周指标、本月指标的完成情况。积极思考为完成这些目标,应当去哪里拜访哪些客户,优先安排拜访哪几家商机大一些的客户。

在公司,他将自己的目标贴在办公桌上,一有空就用眼睛去确认自己的目标和完成的情况。回家后也要先大声朗诵一遍自己的目标,晚上睡觉前还要再朗诵一遍。然后,结束一天的工作进入梦乡。

他已将完成销售定额作为生活的主要内容。他想通过这种方法使自己的大脑经常保持清醒,明确自己如何才能完成定额。他不停地思索对什么样的客户推销什么样的商品和服务、在什么时机去推销等营销战略战术。

跳槽到新公司后三个月,他出色地完成了当初制订的目标。他说:"并不是因为将目标写在纸上就可以轻而易举地达到目标。其实,每一次推销都伴随着失败。"每次遇到失败,他总是积极找人求教,寻找克服心理压力和渡过难关的办法。

由此可见，非凡的志向可以生发出非凡的勇气以至惊人的霸气。这样，一个人才能知难而进，永往直前，不为挫折所打倒，从而创造出不朽的丰功伟业。

成功在很大程度上取决于想法和观念。有什么样的想法和观念，就可能拥有什么样的人生。如果一个人从来没有想过要成为科学家，那么他就不会按照成为科学家应必备的素质去严格要求自己、训练自己。因此，即使他付出了很多努力，但由于他的作为与这一目标并不契合，所以最终也无法成为一名科学家。如果一个人从小就树立了远大理想：要成为一名科学家，并且坚定信念，拿出"不达目的不罢休"的精神，时刻为自己的理想勤勤恳恳地奋斗与付出，那么总有一天他将实现心中的宏愿。

诸葛亮说："志当存高远。"胡林翼说："人活一世，不该随俗浮沉。生无益于当时，死无闻于后世，哀莫大焉！"诗仙李太白曾有句豪言壮语："天生我材必有用，千金散尽还复来。"这是名人们的人生信条，我们从中也能受到深刻的启示：人生应有明确的目标，做人应有自信。

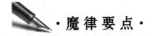

·魔律要点·

当我们持续寻找、追问答案的时候，它们最终都必将显现。目标一经确定，你所需要的便是"贵在坚持"！请切记：你是你目标的主人，只有你有权力选择它。

错误定律：同样的错误只能犯一次

日本一家电器公司的老板，正在寻找一位职员去完成一项重要的工作。在对众多的职员进行筛选时，他只问一个问题："在你以往的工作中，你犯过多少次错误？"他最终把工作交给了一个犯过多次错误的员工。开始工作前，他交给该员工一本《错误备忘录》，嘱咐道："你犯过的错误都属于你的工作成绩，但是你要记住，同样的错误属于你的希望只有一次。"

一个人犯第一次错误叫不知道，第二次叫不小心，第三次叫故意。不要以不小心作为犯错误的借口，更不能故意去犯错误。如果你能对你的上司说："老板，您放心，这是我第一次犯这个错误，也是最后一次犯同样的错误。"那你就非常不简单了。不过你能够说到做到吗？如果能，那么你的上司会相信你的毅力，认同你的素质，进而赏识你。假设你是一位汽车司机，第一次在黑夜里开车出了事故，你并不能真正保证下次在黑夜里开车不出同样的问题。

诗人说："经验是每个人给自己所犯的错误取的名字。"物理学家更是直言不讳："我们所要做的一切，就是尽可能地快点犯完错误。"诗人和物理学家在对待错误的层面上具有惊人的相似性和戏剧效果的巧合，这两句跨越时空的对白说出了关于经验和错误的事实。从错误中我们得到经验，而经验促使我们走向成功。

然而，我们常常被错误束缚了手脚，从内心里，我们认为错误总是很严重的事情，害怕一失足成千古恨。因此，我们不敢尝试，也就无法突破，其直接结果就是停滞不前。

成功的人和平庸的人是有区别的。他们的区别就在于，成功的人犯了很多不平常的错误，而平庸的人则犯很平常的错误或者一个错误都不犯。

爱因斯坦和他的邻居艾期尔是很要好的朋友。爱因斯坦四岁还不会说话，七岁还不识字，常常犯错误；艾期尔是个乖孩子，很少犯错误。为此，爱因斯坦没少受父母、老师的批评，而艾期尔则经常受到老师和父母的表扬。那时候，爱因斯坦的老师就断言，这个孩子实在是太笨了，将来肯定不会有出息，理由是：他脑子有问题，老是犯错误。

后来爱因斯坦成了举世闻名的物理学家，而他的邻居——那个几乎不犯错误的孩子艾期尔又有几个人能够记得他呢？

犯错误并不可怕，我们应该要尽量少犯重复的错误。聪明人和愚蠢人的区别就是，聪明人同样的错误只犯一次，而愚蠢的人同样的错误犯多次，甚至是屡教不改。

所以，面对错误时的心态同样重要。面对错误，我们是放纵，是置之不理，还是总结经验教训？

小兵是一家房地产公司的销售员，他刚来公司的时候销售业绩排在倒数第一，一年后就成了销售冠军。此后，小兵的销售业绩一直稳步增长，月月得冠军，年年得冠军。很多同事羡慕不已，向小兵取经，问他有什么秘诀。小兵从包里拿出一个黑色的笔记本，对同事说："这就是我的秘诀。"同事翻开一看，里面密密麻麻地记录了小兵与客户打交道所犯下的每一次错误，以及每一次犯错误后的心得。

既然太阳也有黑子，人世间的事情就不可能没有缺陷。犯错误不要紧，要紧的是同样的错误不能犯很多次！如果你想成功，那么你就可能犯错误；如果你要成功，你也可能犯错误，但同样的错误只能犯一次！

·魔律要点·

人人都会有过失。但是，只有重复这些过失的时候，你才真正犯了错误。所谓实践出真知，我们必须不断去做新的尝试。一尝试，失误就在所难免。如果因循守旧地思考和行动，表面看起来不会犯大错，却无法得到突破，只能停留在前人的水平上，离成功遥遥无期。敢于犯错误不是盲目蛮干，而是有敢为人先的气魄，勇于犯错是对未来实力的挑战，是探索未来的锋利宝剑。

幸福定律：幸福不在明天，也不在昨天

幸福学家认为，幸福是人们的渴求在得到满足或部分得到满足时的感受，是一种精神上的愉悦。

幸福感是暂时的，人们获得的幸福感具有暂时性。就如同不幸一样，随着时间的流逝，幸福感以及不幸感都会逐渐淡化。

人人都想过富足的生活。当你有了一切你曾经梦想的东西后，你还会想要更多吗？大多数人都会持否定态度，不过，到那时可就未必了。

有一个人叫王良，他生前善良且乐于助人，死后升上天堂做了天使。王良当了天使后，仍时常到凡间帮助人，希望感受到幸福的味道。

一天，王良遇见了一位樵夫。樵夫一副闷闷不乐的样子，向天使诉说："我用来砍柴的刀掉到悬崖下面了，没了刀，我怎么养家糊口呢？"于是，天

使王良给了他一把很锋利的柴刀。樵夫很高兴，天使在他身上感受到了幸福的味道。

又一天，王良遇见了一个女人。女人非常沮丧，向天使诉说："我的儿子得了重病，需要很多很多的钱医治，可是我很穷，儿子的命都保不住了。"王良给她很多银子，女人很高兴，天使在她身上也感受到了幸福的味道。

又一天，王良遇见了一个王子。王子年轻有为、英俊潇洒，既有才华又富有，妻子美貌而温柔，但他却过得不快活。王良问他需要什么，王子说："我什么都有，只欠一样东西，你能给我吗？"王良回答说："可以。你要什么我都可以给你。"王子直直地望着天使说道："我要的是幸福。"这下子把王良难倒了，王良想了想，说："好，我明白了。我能给你幸福。"王良先是拿走了王子的才华，然后又毁掉他的容貌，最后夺去了他的财产和他妻子的性命。王良做完这些事后便离去了。

过了一个月，王良又来到王子的身边，他那时面容极丑，穿着破烂的衣裳，躺在大雪纷飞的大街上，又冷又饿。于是，王良把他以前的一切又一一还给了他，然后又离去了。

再过半个月后，王良再去看王子。这次，王子在皇宫里幸福地搂着妻子，不住地向天使道谢，因为他得到幸福了。

就如屠格涅夫所说：幸福不在明天，也不在昨天；它不怀念过去，也不向往未来；它只在现在。

把握当下的幸福，才是真实的幸福。无限地憧憬明天，幸福永远也靠近不了我们：在我们一门心思准备迎接将来某一天到来的时候，往往会忘记、忽略眼前的一切。逻辑学告诉我们，未来永远不会到来；我们也够不到未来，无法将它拉到面前。对未来的担忧只是我们的想象，谁也不知道未来会发生什么。

在撒哈拉大沙漠中，有一种土灰色的沙鼠。每当旱季到来之前，这种沙鼠都要屯积大量的草根，用以度过这段艰难的日子。因此，在整个旱季到来之前，沙鼠都会忙得不可开交，在自家的洞口进进出出，满嘴都是草根。从早起一直忙到夜晚，辛苦的程度让人惊叹。

而实际情况是，沙鼠根本用不着这样劳累，一只沙鼠在旱季只能吃掉两公斤草根，而它非要运回 10 公斤才能踏实。大部分草根最后都腐烂了，沙鼠还要将腐烂的草根一一清理出洞。

从沙鼠身上似乎能找到我们的影子：在现实生活里，我们常为所谓的"明天"、"后天"深感不安，为那些还没有到来，或许永远也不会到来的事物焦急、忙碌。

巴斯葛是 17 世纪法国科学家、思想家，在《沉思者》中，他写过这样一段话："我们向来不曾把握现在；不是沉湎于过去，就是殷盼着未来；不是拼命设法抓住已经如风的往事，就是觉得时光的脚步太慢，拼命设法使未来早点来临。我们实在太傻；竟然流连于并不属于我们的时光，而忽视唯一真正属于我们的此刻。"

幸福就如大饼，当日、当时享有，才会又甜又香，赏心润口；放久了就会变味，就不得不痛心地丢弃。过去是记忆，未来是想象，真正的、真实的快乐是现在。不必用今天的苦难为未来的幸福买单。

 **·魔律要点·**

幸福是人生的大追求，幸福的人生让人羡慕。但现实世界是残酷的。幸福一天容易获取，幸福一年有些难度。幸福的一生，对大多数人来说，只能是梦想中的天堂。当你不再想着自己是否幸福的时候，你就获得了幸福。

相关定律：万物相关，让你的思维转个弯

长期以来，牛顿认为，一定有一种神秘的力量存在，是这种无形的力量拉着太阳系中的行星围绕太阳旋转。但是，这到底是怎样的一种力量呢？

直到有一天，当牛顿在花园的苹果树下思索时，一个苹果落到他的脚边，牛顿终于顿悟，他的问题也逐渐被解决了。

传说 1665 年秋天，牛顿坐在自家院中的苹果树下苦思着行星绕日运动的原因。这时，一只苹果恰巧落下来，它落在牛顿的脚边。这是一个发现的瞬间，这次苹果下落与以往无数次苹果的下落不同，国为它引起了牛顿的注意。牛顿从苹果落地这一理所当然的现象中找到了苹果下落的原因：引力的作用，这种来自地球的无形的力拉着苹果下落，正像地球拉着月球，使月球围绕地球运动一样。

这个故事据说是由牛顿的外甥女巴尔顿夫人告诉法国哲学家、作家伏尔泰之后流传起来的。伏尔泰将它写入《牛顿哲学原理》一书中。牛顿家乡的这棵苹果树后来被移植到剑桥大学中。

1865 年 4 月，美国的南北战争快接近尾声了。那时，市场上的物资很匮乏，牛肉的价格很贵。作为商人的亚默尔知道，这种情况只是暂时的，战争一旦结束，牛肉的价格就会很快降下来。所以他对战争的重视绝不亚于正在打仗的军人。他天天读报纸，听收音机，打探着最新的消息。从最新的消息可以推断，南军的败局已定。

一天，他被一条新闻吸引住了，这条新闻说：在南军高级将领罗伯特·李将军的营地附近，一个神父遇到了一群孩子。孩子们手里拿着钱，问神父什么地方可以买到面包和巧克力。

孩子们说："我们已经两天没有吃到面包了！"

神父问："你们的父亲呢？"

"我们的父亲都是李将军手下的军官，他们也是几天没有吃到面包了。他们给我们带回来的马肉太难吃了，嚼都嚼不动。"

在战争期间，有关人们缺穿少吃的新闻到处都是。对这条新闻，开始的时候，亚默尔也没太在意。可是他突然感觉到有什么地方不对劲。他立即意识到，这是一条非同小可的消息，这里面有很重要的关于南北战争的信息！

他是这样分析的：南军缺乏供给是大家都知道的消息，不足为奇，但是南军的大本营里发生这样的事情却是很重要的事情。俗话说，兵马未动，粮草先行，现在已经到宰杀战马的地步，不用说，形势已经十分危急。

他的结论是：战争马上就要结束了！

时机来了，必须马上行动。他马上与东部市场签订了一份以低于市场2%价格的卖出牛肉的合同，交货期限是10天以后。合同刚一签订，当地所有经销商都大骂亚默尔疯了，把牛肉的价格压得这么低！在这些人的眼里，亚默尔的行为是不可思议的。这样做，毫无疑问，是把大把大把的美元往别人的口袋里扔，只有疯子才会这样做。于是，很多人都想趁机大捞一把，纷纷找亚默尔订合同。亚默尔来者不拒，几天之内，又签订了一批合同。

亚默尔的这一赌注可算是压对了：就在合同签订的几天之后，战局和市场都发生了根本性的变化，牛肉的价格一下子降到比亚默尔卖出的牛肉的价格还要低25%的水平。那些经销商们一时间目瞪口呆，后悔莫及。

就是这一笔交易，亚默尔赚了100万美元！他不无得意地说："我及时地抓住了那条消息所反映出来的信息。要是我有一点犹豫，这100万美元就进别人的腰包了。我的法宝有两个，一是信息，二是快捷。"而指引他从一条小小的新闻作出全局判断的，则是他内心对"万物相关"的信念。

 **·魔律要点·**

这个世界上的每一件事情之间都有一定的联系，没有一件事情是完全独立的。要解决某个难题，最好从其他相关的某个地方入手，而不只是专注在一个困难点上。

吸引定律：心想事成的强大气场

物以类聚，人以群分。人的特性之一是选择性地看世界，人往往只"看得见"、"记得住"自己相信的事物，对于自己不感兴趣的事物往往视而不见。从前有这样一个故事：

一个小女孩的弟弟患了肺炎，为了治病，家中几乎把所有的钱全部花完了，一贫如洗，可弟弟的病情却越来越重。她的母亲非常悲伤，抱着弟弟近乎绝望地说：要治好你弟弟只能靠奇迹了！小女孩摸了摸衣袋，那里仅有五美分。

小女孩跑出了屋子，来到大街一家百货商店。商店里的售货员问她："小妹妹，你要买什么？"小女孩大声地回答说："我要买个奇迹！"她又迟疑了一下，说道："只是，我只有五分钱，不知够不够？"售货员不知如何回答，旁边一位正在购物的男子听了，转过身子俯下来亲切地问道："买奇迹要用来干什么？你能告诉我吗？"小女孩讲了弟弟生病的事情和妈妈的忧伤。

那位男子看了看小女孩手中的五分钱，轻轻地接过，慢慢地说道："嗯，这正好是一个奇迹的价格。小妹妹，我有一个奇迹，我卖给你！现在你就回去吧，奇迹马上就到你家了。"小女孩回到家中，不一会儿家门口开来一辆车，那位男子从车上走下来，对女孩的妈妈说："我是本市某某医院的院长，是来付你们奇迹的：现在，马上带孩子去我们那里住院吧……"

真可谓心念所致，也能吸引"上帝"的眼球。

区克雷先生决心自己开公司，由于起步不稳，公司运行起初的一段时间效益很差，催款的账单挡都挡不住，而收到的汇款却少得可怜。

现在，他甚至害怕秘书送来的信封，可是催款的账单却还是源源不断。苦恼中的区克雷想了一个主意，他拿出一张作废的支票，在款数后面加了三个零，有事没事时，经常拿出来观察和欣赏，体验着收到支票的喜悦。

没有多久，公司收到的支票越来越多，账单虽然也有，但相比支票已经很少了。

后来，他不再害怕那些账单，而是将思想更多地关注在收到的支票上。

吸引定律的一个诀窍就是，把注意力放到你喜欢的事物上。

米切尔小姐得知自己患了乳腺癌，开始时，特别地紧张而且伤心，导致她的病情进一步恶化。后来一位医生跟她讲解了吸引定律，她便开始着手改变自己。她把对付疾病的任务全盘交给医生，把快乐的事情留给了自己，她经常给自己找一些喜剧、幽默剧之类的电视节目，尽情欢笑，沉醉其中。每天起床的时候，她便开始默默祈祷，对上帝说：真的谢谢你，我已经康复了。从诊断到出院，仅用了三个月时间，没有进行过任何手术治疗，她痊愈了。

打开 QQ，看看网友那些千奇百怪的网名吧，有"心伤的人"、"不想爱"、"寂寞男人"、"金钱呼"、"失落的爱情"、"落魄鬼"……这类人把忧伤和哀怨当作标签贴在自己的脑门上，他们用感情去听忧伤的曲子，甚至在下意识里欣赏忧伤。想一想，这样的思想又会吸引来什么呢？奉劝这些朋友，把你身边不如意的事物看轻些，赶走消极的思想，心胸变得积极起来，吸引你想要的吧！完全可以从一个小小的愿望开始，让我们就从想吃一顿红烧排骨开始如何？

端来一盘红烧排骨，试着想起美好的事物，看看奇迹会不会出现。在生活中，我们实现一个大的理想总是比实现一个小的目标更难。想一想，你从广州开着一辆驶往北京的越野车，你的车灯只能照见 100 公尺以内的路程，但是车向前开，车灯的视野也在拓展，就这样你 100 公尺接着 100 公尺实现你的目标，最终你开到了北京，先达到小的目标，最后你达到了自己的理想。所以你不需要马上看到你的结果，重要的是要了解和掌握方向，让你的理想吸引着你前进。

吸引定律最简单的定义就是同类相聚；吸引力法则，简单地说，就是同类相吸，同频共振。吸引定律是宇宙法则中强有力的一种，虽然在概念上十分简单，但要真正掌握它、了解它，它才会成为你的一部分。当我们的思想、情感、语言、行动，有机地结合在一起后，其能量将会吸引与其本质相同的人和事物。

你会发现，正是你的吸引力帮助你取得了成功。而成功的你，将会产生更多、更大的吸引力。

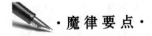 ·魔律要点·

人的心念（思想）总是与和其一致的现实相互吸引。

古特雷定律：不间断的目标使你奔向梦想

"顶点"是什么？也就是一个人卯足了劲努力逼近既定目标所能达到的最高水平。

事实上，人生的大目标是动态的。

人生需要不断地为自己确立新的攀登高度。正如歌德所说："人生在世，仅此一遭，一个人要有力量和前途，也仅此一遭！谁不好好利用一番，谁不好好大干一场，那就是傻瓜！"这是从一个顶点到达另一个顶点的气魄，是变顶点为起点的人生艺术。

美国纽约市，有位年轻的警察亚瑟尔，在一次追捕行动中，被歹徒射中右眼和左腿膝盖。3个月后，当他从医院出来时，完全变了个样：一个曾经高大魁梧、双目炯炯有神的英俊小伙儿，已成了一个又跛又瞎的残疾人。

纽约市政府、民间组织授予了他勋章和锦旗。纽约有线电视台记者问他："您将如何面对现在正在遭受的厄运呢？"

亚瑟尔说："我只知道歹徒现在还没有被抓到，我要亲手抓到他！"

说完他那只完好的眼睛里投射出一种令人颤栗的、愤怒的目光。

之后，亚瑟尔不顾任何人劝阻，参与了抓捕歹徒的行动。他跑遍了半个美国，有一次为了一个重要的线索还独自飞往墨西哥。

一年后，歹徒终于落网。亚瑟尔在其中起了关键的作用，他成为了英雄，一家媒体称赞他是坚强而勇敢的人。

一个月后，亚瑟尔却在卧室割脉自杀。在遗书中，他写道："这些年来，活下去的目标就是抓住凶手……现在，凶手已经被判刑；面对自己的伤残，我从来没有这样绝望过……"

人的一生，就是不断制定目标、达成目标的过程。一个人实现了所期望的目标后，应再制定出一个足以让他动心的目标，继续维持先前的热情和冲动。对自己制定的目标越来越高，则能力会随之成长，职位也才有可能越来越高。

伯特自认为是当音乐家的料。上初中时他演奏手鼓，却并不怎么高明，唱歌五音不全，实在让人不敢恭维。

为实现当歌唱家兼作曲家的理想，伯特去了"乡村音乐之都"纳什维尔。

到那儿后，伯特拿出有限的积蓄买了一辆旧汽车，既作为交通工具又用来睡觉。他特意找到一份上夜班的工作，以便白天有时间跑唱片公司。在这期间，他学会了弹吉他。十多年的时间里，他一直在坚持写歌练唱，不停地叩击成功之门。

13年之后，伯特的歌唱才华得到了托尔卡皮公司音乐总监的赏识，并为伯特出了专题唱片。

凭借这张唱片，伯特一举成名，在全国每周流行的唱片选目中名列前茅。

常人难以想象的事，伯特确确实实做到了。不仅如此，在第二年畅销的乡村音乐唱片集中，主题歌《赌徒》也是伯特的杰作!

从那时起，伯特创作演唱了23首顶呱呱的歌曲。由于他专心致志，全力以赴，这个青少年时的梦想终于得以实现。

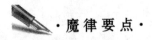 ·魔律要点·

古特雷定律由著名美国管理学家 W.古特雷提出，说的是每一处出口，都是另一处的入口。人生如此，事业生活无不如此。上一个目标是下一个目标的基础，下

一个目标是上一个目标的延续。但是，一个人一生不应该只满足于有"一个顶点"，而是应该适时地把握住契机，重新蓄积元气，再图攀登。如果说，攀登顶点的勇气，表现出生存智慧的高超；那么，再造新高的勇气，则表现出创新智慧的卓越。

吉格勒定律：你想跳多高，就能跳多高

1969 年，从小就喜欢吃汉堡包的哈克·杰里文在美国俄亥俄州创办了一家汉堡餐厅，并用自己女儿的名字为餐厅起名"温迪快餐店"。美国的连锁快餐公司比比皆是，麦当劳、肯德基、汉堡王等大店大名鼎鼎。温迪快餐店只是一个名不见经传的小店而已。

但哈克·杰里文毫不气馁。从一开始他就为自己制定了一个高目标，那就是赶上快餐业老大麦当劳！

20 世纪 80 年代，美国的快餐业竞争激烈。为保住自己老大的地位，麦当劳费了不少的心机，这让哈克·杰里文很难有机可乘。

起初，哈克·杰里文走"隙缝路线"。当麦当劳把自己的顾客定位于青少年时，温迪把顾客定位在 20 岁以上的青壮年群体。为了吸引顾客，哈克·杰里文在汉堡肉馅的分量上做文章，将其牛肉增加了零点几盎司。这一不起眼的举动，为温迪赢得了小小的成功。

1983 年，美国农业部组织了一项调查，发现麦当劳号称有 4 盎司的汉堡包肉馅，重量从来就没超过 3 盎司！

哈克·杰里文认为"3 盎司牛肉事件"是一个问鼎快餐业霸主地位的机会。他请来了著名影星克拉拉为自己拍摄了一则享誉全球的广告。

广告说的是一个认真好斗、喜欢挑剔的老太太，正在对着桌上放着的一个硕大无比的汉堡包喜笑颜开。当她打开汉堡时，惊奇地发现牛肉只有指甲片那么大！她先是疑惑、惊奇，继而开始大喊："牛肉在哪里？"

美国民众对麦当劳本来就有许多不满，这则广告适时而出，马上引起了民众的广泛共鸣。一时间，"牛肉在哪里"这句话就不胫而走，迅速传遍了千家万户。

成功的广告为哈克·杰里文的温迪快餐店带来了营业额上升18%的佳绩。

凭借不懈的努力，温迪的营业额在1990年达到了37亿美元，发展了3200多家连锁店，在美国的市场份额也上升到了15%，坐上了美国快餐业的第三把交椅。

心中怀有一个高目标，从一开始你就能为自己的奋斗方向明确定位，朝自己的目标前进。心怀大志，会让你逐渐形成一种良好的工作方法，养成一种理性的判断法则和工作习惯。心中怀有远大目标的人，与周围的人相比，会呈现出与众不同的思想境界。没有目标的人，思想空虚，生活质量趋于低劣；反之，生活则多姿多彩，尽享人生乐趣。

正所谓伟人心中有蓝天，凡人心中有愿望。英国诗人华兹华斯说："高尚的目标能切实地保持，就能成就高尚的事业。"大目标促使人的生活特质更多地倾向于"干事业"，小目标使人的生活围着过日子。一个人之所以伟大，首要原因就是因为他有伟大的目标。

我国传统文化中，常用"志当存高远"、"风物长宜放眼量"、"鲲鹏之志"等词句，形容和鼓励人要有大志。

三国时天下纷乱，群雄并起，逐鹿中原。当初有实力竞"标"的主要有：曹操、刘备、孙权、袁绍、刘表。曹操的"标的"是：一统天下，坐领江山。他自称"胸怀大志，腹有良谋，有包藏宇宙之机，吞吐天地之志"。刘备的"标的"是：上报国家，下安黎庶。他在三顾茅庐时对诸葛亮说："汉室倾颓，奸臣窃命，备不量力，欲伸大义于天下。"志向比曹操略差些，但也算得上盖世英雄。孙权属"继承父兄遗产"而得国，但也不是泛泛之辈。在位期间，国力强盛，士民富庶，足与魏、蜀鼎立，偏安江东。反观河北袁绍就差多了。袁出身四世三公，起点高，名声大，拥数十万之众，谋臣无数，战将如云，也曾有兴汉灭贼之志；但徒有虚名，属"干大事而惜身，见小利而忘命"之辈，被称为"羊质虎皮"、"凤毛鸡胆"，为后世唾笑。还有刘表，领荆襄之地，地沃利广，豪杰众多，但胸无大志，目光短浅，甘为井底之蛙，本有进取中原的绝好机遇，但他却以"吾坐据九郡足矣，岂可别图"而自足。

可以看出，曹操的目标最远大。正如史官赞诗所言："曹公原有高光志，赢得山河付子孙。"

目标远大，才能充分发掘你的潜能。高尔基说："目标愈高远，人的进步愈大。"不少人有这样的体会：当确定只走 10 公里路程，走到七八公里处便会因松懈而感到疲惫；但如果要求走 20 公里，那么，在七八公里处，正是斗志昂扬之时。

有一位哲学家到一个建筑工地分别问三个正在砌筑的工人说："你们在干什么？"

第一个工人头也不抬地说："我在砌砖。"第二个工人抬了抬头说："我在砌一堵墙。"第三个工人热情洋溢、满怀憧憬地说："我在建一座教堂！"

听完回答，哲学家马上就判断出了这三人的未来：第一个心中眼中只有砖，可以肯定，他一辈子能把砖砌好，就很不错了；第二个眼中有墙，心中有墙，好好干或许可以当一位工长、技术员；唯有第三位，必有大出息，因为他有"远见"，他的心中有一座殿堂。

世界上最贫穷的人并非是身无分文的人，而是没有远见的人。只有看到别人看不见的事物，才能做到别人做不到的事情。

如果你想射下星星，你可能射到树上的小鸟；如果你想射下小鸟，你可能射到鸟儿栖息的树；如果你想射树，也许射到的就是泥土了。"法乎其上，得其中；法乎其中，得其下；法乎其下，得其无。"说的就是这个道理。

在学生时代，你要想成为班级第一名，就努力去结交第一名！只有结交第一名，你才能真正领悟到，第一名是如何成为第一名的，你才有办法效仿他。

富有理想与远景规划的企业领导人，喜欢不停步地思索刺激进步的措施，并沉淀为某种特别有力的机制。

20世纪60年代，为摆脱50年代的经济衰退，美国提出登月计划。1961年，最乐观的科学家认为登月成功的几率只有50%。《基业长青》的作者认为："像登月计划一样，真正胆大包天的计划都是明确、动人的，是众志成城的重心，经常创造出惊人的团队精神。"

1907年，亨利·福特提出"我们要让汽车大众化"的伟大目标，打破了"汽车贵族化"的神话，刺激公司员工奋力前进。

1945年，沃尔玛超市的创始人萨姆·沃尔顿在阿肯色州创立第一家乡村小店时，他的第一个目标就是，在5年之内，成为全州获利最高的杂货店。

1952年，通过目标管理，日本索尼研制出一种袖珍型收音机，在缩小体积上，超过了当时所有的真空管收音机。

锁定人生的高目标，将实现这个目标的过程，变得愉悦而快乐，即使面对挫折也不灰心，人生更充实，人生的意义将更伟大！

漫长的人生旅途，是神奇的。不幸的人，各有各的不幸；但幸福的人生是相似的，是有定律可循的。走近幸福的定律，你将获得更完美幸福的人生。

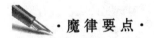 **·魔律要点·**

美国行为学家J.吉格勒提出："设定一个高目标，就等于达到了目标的一部分。"气魄大方可成大，起点高才能至高。

Part 2
万变世界绝对不变的生活魔律

人的生命只有一次，你能成为什么，由你自己决定。情绪、习惯、行为，无时无刻不在影响人们的生活，每个人的生活方式也因此不同。生活有律可循，并非杂乱无章。

除草定律：专注是抵达目标的路径

一位女演员成名后，回忆起当年父亲教育她的话："我希望你能成为一匹良种马。良种马在奔跑时，是戴着眼罩的。这样，它们的目光就会一直保持向前直视，并按照自己的跑道向前跑，而不会受到其他马的影响。"

良种马之良，在于它心无杂念。

走钢丝需要的是保持平衡和克服恐惧，赛马需要的是排除干扰和发挥速度，但这二者也有相同之处：必须一心朝准自己的方向，坚持自己的目标。无论遇到多大的困难和干扰，始终把目光盯在目标上。

只有对准靶子才能射中靶心；只有认准方向、选对方法，才能做好事情。

卡其基有 3 个孩子，他要求大儿子多克、二儿子斯多力和小女儿多梅妮每天都去菜园里拔除杂草。尽管 3 个孩子非常不愿意，但他们都知道父亲的脾气，每天放学后，只好噘着嘴去菜园拔草。刚开始，他们会互相埋怨。慢慢地，孩子们不但学会了拔草，而且也不再抱怨，他们还学会了忍耐。

菜园里的蔬菜，因拔除了杂草而长得郁郁葱葱，而孩子们也都爱上了拔草这项工作。直到有一天，多克宣布，他以后不能去菜园拔草了，因为他要去州立大学读书。临走时，多克说："真舍不得啊，这么漂亮的一片菜地。"于是，菜园里只剩下斯多力和多梅妮了。又过了不久，斯多力也说，他也要去远方读大学，不能去菜园拔草了。最后轮到了多梅妮。多梅妮临走的时候，恋恋不舍地对父亲说，以后，菜园里的杂草由谁来拔呢？父亲说："不用着急，我有除草剂呢。"多梅妮不解地反问父亲："您既然有除草剂，怎么还要我们兄妹几个花费时间去拔草呢？"

卡其基舒心地笑了："现在你们兄妹 3 人都考上了大学，不能忘了拔草的功劳。拔草时，你们学会了忍耐，学会了宽容。要知道，心中的杂草靠除草剂可不行，那要靠自己动手才能拔除！"

高明的卡其基通过除草的行动来教育孩子，教给他们忍耐和宽容。这不只是除掉菜园里的杂草，更是在铲除孩子们心灵中的杂草。当孩子们心灵里的杂草铲除之后，才会花香阵阵，彩蝶翩飞。

现代人不太注重关注孩子的心灵世界，往往喜欢关注孩子的学习成绩、身体健康。但其实，孩子心灵世界的纯洁和美好显得更加重要。

"别人打你，你也打他，打不过就咬"；"咱们宁可赔钱，也不能吃亏"：这是不少家长在教育孩子时经常说的话。大人的本意是"让孩子学会保护自己"。可是，这种教育很难把握好尺度，在成人偏颇、过激甚至错误的引导下，孩子心中善良的成分会越来越少。在一些家长眼中，"从小不吃亏"才能保护自己。实际上，没有善心的孩子怎么能很好地保护自己？

对孩子进行"善良教育"并不难，如培养孩子保护自然环境和动物的意识；让孩子学会同情并帮助弱者，创造机会让孩子亲自动手去帮助有困难的人；在孩子面前表现得有宽容心，包容他人；唾弃暴力，不给孩子买暴力玩具，在处理问题时不使用暴力等。

其实生活中的点点滴滴，都会让孩子自觉地感受到宽容的内涵。

有一天，一场运动课后，一位满脸歉意的老师，正在安慰一个大约四岁的小孩，饱受惊吓的小孩已经哭得精疲力竭了。

小孩因为一个人在网球场的一角受到惊吓，哭得稀里哗啦。

就在这时，孩子的妈妈来了，看着哭得惨兮兮的孩子。

那位妈妈蹲下来安慰四岁的孩子："已经没事了。老师因为你紧张难过，老师不是故意的，现在你必须亲亲老师的脸颊。"

那位四岁的小孩踮起脚尖，蹲在老师的身旁，擦干了脸上的泪水，亲了亲老师的脸颊。

妈妈让孩子自己动手清除了孩子心中恐惧、烦躁的杂草；敬爱老师的心念，被母亲注入了孩子的内心。

一位药店老板，真正做到了"贫富不二，童叟无欺"。他之所以能如此，在于他幼年时，父亲生病后无钱买药而死的惨痛事实撼动了他的心灵，他发誓将来要乐善好施，开一个药铺。

不但如此，他还乐于给那些没钱看病的人开方子。一些同行直摇头，说他完全是一副败家子做派，不赔本才怪！

然而，他的生意却越来越红火，还胜过了他的竞争对手。

不难得出这样的结论：当你摒弃表面的凡尘杂念，为了社会和他人专心致力于一项事业时，那意外的收获也许已在悄悄地恭候你了。

专注的力量是如此伟大。当你关注于某一项事业时，周围的一切资源，都可以为你所用。当你专注在某一方面时，周围的人们才会明白你的意图，资源才会被有效地调动起来，跟你进行全力地配合。

有人曾这样说，20世纪，用心做事就够了；21世纪，人们不能限于用心做事，而要调动全身的一切力量，用肝、用肺、用心脏一起来关注自己的事业。

美国社会学家诺吉尔把专注喻为人生成功的"神奇之钥"。他给专注下的定义是：专注，就是把意识集中在某个特定的欲望上的行为，并要一直集中到找出满足这项欲望的方法，而且成功地将之付诸实际行动为止。自信心和欲望是构成专注行为的主要因素。

如果你还没有用心，危机就会悄然来临。业绩不够好，就得从态度的"认真"程度上找原因。你没有认真地去用心来理解顾客的需求，那么满足顾客的需求就是一句假话。你对一件事情用心的程度，决定了成就的高度。

有这样一个寓言故事。

一只兔子，身材修长，天生就会"跳跃"，所以它一直有着"跳远第一名"的美誉。为此，它感到无比自豪和光荣。

一天，森林里的国王宣布，为提倡全民运动，要举办运动大会。

兔子报名参加"跳远"项目。兔子凭着自己的特长，击败了鸡、鸭、鹅、小狗、小猪……夺得了跳远比赛的冠军。

一只好事的老狗告诉兔子："兔子啊，其实你的天分资质很好，体力也特棒，你只得到跳远第一的单项金牌，实在很可惜。我觉得，只要你好好努力练习，你可以得到更多的金牌啊！"

"真的吗？我怎么就没有想到呢？"兔子受不起抬举，不知自己到底有多重了。

"没错啊，我来当你的教练。我可以教你跑百米、游泳、举重、跳高、推铅球、马拉松……你一定没问题啊！"老狗很有把握地说。

在老狗的怂恿之下，兔子开始每天早晨练习"跑百米"、上午练习游泳，下午练举重；隔天，跑完百米，接着练跳高，每星期练习五次推铅球，每月练习一次马拉松……

第二届运动大会又来了，这一次，兔子报了很多项目。正当兔子满怀信心地跑百米、游泳、举重、跳高、推铅球、马拉松时，这才发现，只有几项入了围，连以前最拿手的"跳远"，也只拿了个亚军。

不能不说，有些人拥有很强的企图心和欲望，也发现自己无所不能，而且想在许多方面都出人头地，成为人人仰羡的名人。他们就像兔子一样，既做着当演员的工作，又动笔当作家；既在演说行当里混，又客串电视节目主持人；还投资开公司，自己当老板。最后的结果，有的人得不偿失，捡了芝麻丢了西瓜，甚至落得竹篮打水一场空的悲剧下场。专注于某一个领域，则能做大、做强；在该领域把自己做到顶尖的地位，则能傲视群雄，坐拥天下。

一个自诩拥有多种技能的人，如果只是蜻蜓点水，钻研不透，反而不如拥有一项专长更受人青睐。如果你专注于某一件事情，尽力地把它做到无可挑剔，在与那些拥有众多技能却无专长的人竞争的过程中，拥有专长的人更容易获得成功。

人生中，我们都会有一些或大或小的目标，实现自己的目标并不是一件容易的事情，这需要我们用"专注"的精神，用自己的勇气和毅力，克服通往目标途中所遇到的种种挫折和诱惑！

 **·魔律要点·**

人的杂念、妄念，就像花园里的杂草。杂草不需要专门的照料和养分，自己就能长得茂盛。如果不管它，花园就会"杂草丛生"。一个好的花园，必须时常进行除草。所谓"时时勤拂拭"就是这个道理。善念就像花园里的花朵，必须细心种植栽培，才能生长得好。有用的知识和资讯，时时接触、复习。重复重复再重复，把性格修造这种脑力劳动彻底变成体力劳动。

行动定律：十个想法不如一个行动

一次行动胜过千百次胡思乱想，成就大事的关键在于行动。

有一位名叫西尔维亚的美国女孩，她的父亲是波士顿有名的整形外科医生，母亲则在一所学术声誉极高的大学担任教授。毫无疑问，她的家庭为她提供了很大的帮助和支持，让她有机会实现自己的理想。

她从念大学的时候开始，就一直梦想成为电视节目的主持人。她觉得自己具有这方面的才华，因为每当她和别人相处时，即便是陌生人也愿意与她亲近并和她促膝长谈。她知道怎样从人家嘴里掏出真心话，她的朋友们称她是他们的"亲密的随身精神医生"。

她自己常说："只要有人给我一次上电视的机会，我相信我一定能吸引众人的目光，做一次精彩的访问。"

但是，她为实现这个理想做了些什么呢？什么也没做！她一直在等待奇迹出现，希望就在那么一瞬间突然当上电视节目的主持人。这种奇迹当然永远也不会到来。因为在她等待奇迹到来的时候，奇迹正与她擦肩而过。

现在你明白为什么这样的人注定不会成就大事了吧？光有梦想是不够的。在取得成功前，你必须为实践自己的理想而认真努力，抱着一股坚持到底的决心，并且马上行动！如果准备是重要的，那么接下来的则更重要，就是采取行动。如果我们花了很多时间准备，只是在那里制订方法策略，最后却没有行动，岂不是一件非常令人沮丧的事情？

任何行动都源于思想，行动是指达成目标的做法，也是达到成功所不可或缺的关键。在知识没有落到善于活用之人的手中之前，它只能是潜藏的力量，还不能算是利器。

成功的人都是有行动力的人。首先，你要知道所求的是什么？也就是精确地界定你所要实现的目标。第二步，就是要知道该怎么去做，否则，你永远只是在做梦而已；想要成功，就应立即采取最有可能达成目标的做法。第三步，则是开发敏锐感来辨识回馈的讯号，并尽快从进行中的效果研判是接近还是远离目标。

有人计划了一辈子，却从来没有行动过。思考容易，行动难；把思考化为行动，则是世界上最困难的事。拖延是我们每一个人都会遇到的问题，不论事情大小，马上行动，确实是解决问题的关键。而失败者都是用拖延来制造一大堆理由，甚至以自欺欺人的方式来逃避事实；久而久之，不但养成了坏习惯，而且也把自己放在了输家的行列之中。

如果决心要脱离失败者的行列，那么确实执行的勇气不可少。首先得明确地找出为什么会拖延的原因，并分析自己的态度或认知上是否有障碍。因为唯有彻底找出解决之道，才能让根本的问题浮出水面。

我们都以为成功的人，皆具有天赋异禀，或者是有异于常人之处；可是，深入探究之后却发现：行动，才是他们达成目标不可或缺的法宝。

很多人对于自己未能完成的梦想，总是说如果有来生，或者说假如时光能够重来，我一定要如何如何……但倘若没有开始的勇气，也没有行动的决心，你的梦想又怎么可能会实现呢？

在人生的旅途中，可以累积小冒险、小失败、小挫折、小成功、小胜利；唯有通过小小的尝试，你才能让自己找到目标、找到方法。开始小步前进，体验小小的风险和小小的冒险，直到冒险的经验已足够多，让你有信心去实践更大的梦想，到了那个时候，你会认为它只不过是稍微有点危险的一小步而已。

美国某个小学的作文课上，老师给小朋友们的作文题目是："我的志愿"。

一位小朋友非常喜欢这个题目，在他的簿子上，飞快地写下他的梦想。他希望自己将来能拥有一座占地十余公顷的庄园，在庄园的土地上植满如茵的绿草。庄园中有无数的小木屋，烤肉区，以及一座休闲旅馆。除了自己住在那儿外，还可以和前来参观的游客分享自己的庄园，有住处供他们歇息。

写好的作文经老师过目，这位小朋友的簿子上被画了一个大大的红"×"，发回到他手上，老师要求他重写。

小朋友仔细看了看自己所写的内容，并无错误，便拿着作文簿去请教老师。

老师告诉他："我要你们写下自己的志愿，而不是这些如梦呓般的空想，我要实际的志愿，而不是虚无的幻想，你知道吗?"小朋友据理力争："可是，老师，这真的是我的梦想啊!"老师也坚持："不，那不可能实现，那只是一堆空想，我要你重写。"

小朋友不肯妥协："我很清楚，这才是我真正想要的，我不愿意改掉我梦想的内容。"

老师摇头："如果你不重写，我就不让你及格了，你要想清楚。"小朋友也跟着摇头，不愿重写，而那篇作文也就得到了大大的一个"E"。

时隔30年之后，这位老师带着一群小学生到一处风景优美的度假胜地旅行。在尽情享受无边的绿草、舒适的住宿及香味四溢的烤肉之余，他望见一名中年人向他走来，并自称曾是他的学生。

这位中年人告诉这位老师，他正是当年那个作文不及格的小学生，如今，他拥有这片广阔的度假庄园，真正地实现了儿时的梦想。老师望着这位庄园的主人，想到自己30余年来的教师生涯，不禁喟叹："30年来因为我自己，不知道用成绩改掉了多少学生的梦想。而你，是唯一保留自己的梦想，没有被我改掉。"

行动，让梦想成真。

没有谁的成功是从天而降的，成功往往和下面的词汇密切相关：刻苦、勤奋、努力……而这些词都是要求实际行动的。行动，是梦想成真的必经之路。

要想让梦想成真，就要从小培养积极行动的能力，行动是我们实现梦想的必然手段，没有行动就不会实现梦想。如果你每天都在想要做什么，有什么样的梦想，而不去付诸实践，那梦想永远都只会是梦想，永远不会成功。

大长今就是这样。她的梦想是进御膳间，所以她马上就将梦想付之行动，她利用机会不仅完美地答复了韩尚宫提出的问题，还成为韩尚宫身边的小宫女，接受韩尚宫的直接教导，离她的梦想更进了一步。

许多成功者最大的特点就是敢想敢做。敢于梦想可以使一个人的能力发挥到极致，但是光有梦想是远远不够的，因为行动才是力量。唯有行动才能改变你的命运，再多的梦想不如用实际行动完成一个目标。我们总是在梦想，有梦想而不去执行，其结果只能是一无所有。要成功，就要敢于梦想、追求梦想，并实现梦想。

美籍华人王安博士以"电脑巨人"的美称闻名于世。在他6岁时，发生了一件影响了他一生的事。

一天，王安外出玩耍，经过一棵树时，有一个鸟巢突然掉在他的头上，从鸟巢里滚出一只嗷嗷待哺的小鸟。他决定带它回去喂养，便将鸟巢一起带回了家。走到家门口，王安突然想起妈妈不允许他在家里养小动物，他犹豫了一下，把小鸟放在门后，急忙走进屋去请示妈妈。在他的哀求下，妈妈答应了他。当王安欢天喜地地跑出来时，放在门后的小鸟已经被一只黑猫吃掉了。

这件事给他幼小的心灵上留下了深深的创伤。从此，他明白了一个道理，也汲取了一个深刻的教训：凡事要当机立断，立即行动，不能瞻前顾后而犹豫不决。只要是自己认定的事情，就迅速作出决策。他说："犹豫不决固然可以免去一些做错事的机会，但也失去了成功的机遇。"

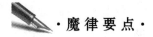 ·魔律要点·

有行动才有吉凶，无行动则无吉凶。

辐射定律：魅力让你光芒四射

有这样一个有趣的故事，充分显示了人与人之间"辐射"的力量：

陈阿土半辈子都在乡下度过，他从来就没有出过远门，更不用说出国了。

他攒了半辈子的钱，终于有个机会参加一个旅游团出了国。国外的一切都是那么新鲜，弄得陈阿土一双眼睛都用不过来。

陈阿土参加的是豪华团，一个人住一个标准间，这足以让他兴奋不已。早晨，服务生来送早餐，敲开门便大声说道："Good morning，sir！"陈阿土愣住了，这是什么意思呢？在自己的家乡，一般陌生的人见面都会问："您贵姓?"于是陈阿土大声叫道:"我叫陈阿土!"

如是这般,连着三天,都是那个服务生来敲门,每天都大声说那样一句原话:"Good morning, sir!"而陈阿土也就大声回道:"我叫陈阿土!"

但是他非常地生气。心想这个服务生脑子也太笨了,天天问自己叫什么,告诉他又记不住,很烦人的。

终于,他忍不住了,便问导游"Good morning, sir"是什么意思?导游告诉了他。天啊!真是丢脸死了。陈阿土反复练习"Good morning, sir!"这个词,以便能体面地回应服务生。

又一天的早晨,服务生照常来敲门,门一开陈阿土就大声礼貌地叫道:"Good morning, sir!"就在此时,服务生兴冲冲地喊道:"我是陈阿土!"

这个故事告诉我们,人与人交往,常常是意志力与意志力的较量。不是你辐射他,就是他辐射你,而我们要想成功,一定要培养自己的辐射力,只有辐射力大的人才可以成为强者。辐射力换个方式说就是有魅力!

在国外,也有人对经济衰退产生的辐射力做过有趣的研究。发表在网络版《健康服务研究》上的一项新研究指出,美国经济衰退的强大辐射力,使得预防性牙科的护理受到首当其冲的影响。

研究人员对两个大都市——西雅图和斯波坎10年来公众看牙的信息进行了分析,这些信息来自美国最大的牙科保险商:华盛顿牙科服务,这些信息大致覆盖了两个城市1/3的居民。研究人员把这些信息与来自劳工统计局以及华盛顿就业保障局的失业数据进行了比较,排除了这种相关性的其他可能解释。

在西雅图地区,每1万人失去工作,进行口腔检查的人员比例就下降1.2%。这种下降程度在斯波坎地区更为严重,同样每1万人失去工作,去看牙做预防性护理的人员比例就下降5.95%。这项研究所涉及的是具有覆盖常规牙科护理的牙科保险的人群，因此这一下降比例就格外值得注意。这项研究的第一作者说，"我们认为，这种较高社区水平的失业率对人们的心理造成了强力辐射。即使是那些有工作的人、或者那些伴侣有工作的人，如果他们感觉到自己的压力很大或者看到很多人失去工作，也会对他们的心理造成影响。" 对于自己失去工作的担忧就会让一个人失去想要接受牙科护理的愿望。在压力很大的时期，牙科护理这类事看上去算不上什么特别紧急的事情，就变成了可以忽略的事情。由于预防性牙科护理的价格比补牙要便宜，牙科计划管理者和公共健康政策制定者可能会希望在高失业率时期鼓励大家去洁牙和做口腔检查。

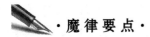 **·魔律要点·**

当你做一件事情的时候，受到影响的并不只是这件事情本身，它还会辐射到相关的其他领域。任何人、任何事情都产生辐射作用。

替换定律：快乐的人没烦恼

科学研究发现，潜意识只能在同一时间内主导一种感觉；用一个积极正面的思想反复地灌输给大脑中的潜意识，原来的思想就会慢慢地衰弱、萎缩，新的思想就会占上风，就像在一盘录音带里录上新的音乐，原来的就会被替换掉一样。

潜意识是你的内在听众：你必须说它能听得懂的语言；否则，它不会理睬你所说的话。想成功，就要给予正面积极的暗示，潜意识最懂得带有强烈情感和感受的语言。

一个人的思想不能同时容纳两个相对的想法，只能容纳一种想法，只能是积极或消极中的一个。剔除某种想法的方法，是一直排斥这种想法，而一直去想选择另外一种想法。如果说，有一个消极的念头，使你生气苦恼，那么赶紧植入一个积极的想法到潜意识里边，把消极的念头排挤掉。你必须用另外一种新的而且积极的言辞来代替，比如："我充满自信"之类的肯定语句，并且投入所有的情感，才能产生较好的效果。

当你的肉眼看到一件令人喜悦的事时，它会作出喜悦的反应；看到忧愁的事，它会作出忧愁的反应。而你用"心眼""看见"喜悦的事或忧愁的事，它也会作出相似的反应！

麦克白原本是一个万人敬仰、品性卓著的英雄人物，可是由于野心的驱使，他谋杀贤君，残害忠良，鲜血染红了整个苏格兰大地，给国家和整个民族都带来了极其深重的灾难，而他自己原本宝贵和光荣的一生也因此毁灭。当已做下许多恶事之后，麦克白及其夫人的内心都感到了不安，而麦克白本人更是每晚噩梦缠身。这种感觉就是"可是我们的心灵却把我们折磨得没有一刻平静的安息，使我们觉得还是跟已死的人在一起，倒要幸福得多了"。为了安慰丈夫，麦克白夫人说了上面那句话。也许麦克白夫人的话只是一种作恶多端之人对自己犯下恶行的逃避和推脱，但是这些话对于那些经常懊悔过去已经无法挽回之事的人却着实有着很重要的现实意义，即便是对于麦克白本人也有一定作用：与其在这里空发痛苦、懊悔之意，还不如从现在动手，开始改变自己的不足之处。

过去的事情是无法改变的，你不能重新开始，也不能从头改写。为过去哀伤，为过去遗憾，除了劳心费神、分散精力之外，没有一点好处。唯一可以使过去有价值的方法，就是分析过去的错误，寻找原因，并从错误中得到教训，然后再把错误忘掉，重新振作起来，去做下一件有意义的事情，因为希望在未来！

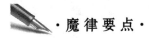

·魔律要点·

当我们有一项不想要的记忆或者是负面习惯时，是无法完全去除掉的，只能用一种新的记忆或新的习惯去替换它。

惯性定律：走出自己为自己设定的圈子

一位生物学家将一只跳蚤放进没有盖子的杯子内，结果，跳蚤轻而易举地跳出杯子。

一位心理学家用一块玻璃盖住了杯子。跳蚤每次往上跳时，都会因撞到这块玻璃而跳不出去。不久，心理学家把这块玻璃拿掉，结果，跳蚤再也跳不出这个杯子。

在很多情况下，人也和这只跳蚤一样，犯同样的错误。经过一段时间的努力而没有达到预定目标时，不少人便灰心丧气，认为这件事自己永远都办不到，忽视自身力量的壮大和外界条件的改变，放弃实现目标的努力。

多数人之所以走不出自己为自己设定的圈子，往往是形成了思维定势，陷在失败的教训或成功的经验中爬不出来，一次次丧失机会。

希罗多德说过："有些人一遇到挫折，就轻易放弃；结果往往是在距离金子3英寸的地方停下来。"伟人之所以伟大，就在于他们能不屈不挠地去实现预定目标，即使遇到再大的困难，也不放弃。

习惯是人生中的一柄双刃剑。用得好，它会帮助我们轻松地获得人生的快乐与成功；用得不好，它会使我们的努力变得很费劲，甚至能毁掉我们的前程。

行为心理学研究表明：21天以上的重复就会形成习惯；90天的重复会形成稳定的习惯。同一个动作，重复21天就会变成习惯性的动作；同一个想法，在21天里重复出现，就难以改变，变成习惯性想法。一个观念，如果被别人或者自己验证了21次以上，它就会占据你的心理，形成你的信念。

习惯的形成大致分为三个阶段：

第一阶段：1~7天。此阶段的特征是"刻意，不自然"：你需要刻意地提醒自己，进行改变；对这种新的改变，你会觉得不适应，感到有些不自然，不舒服。

第二阶段：7~21天。不要放弃第一阶段的努力，继续重复，跨入第二阶段。这一阶段的特征是："刻意，自然"。对新的改变，你渐渐适应，已经觉得比较自然，心里也比较舒坦了；但是若不留意，你还会有可能回复到从前的状态。因此，你仍然需要刻意提醒自己进行改变。

第三阶段：21~90天。这一阶段的特征是"不经意，自然"。这一阶段被称之为"习惯性的稳定期"。这段时期，一个人已经完成了自我改造过程，某项习惯已经成为他生命中的一个有机组成部分，该习惯会自然而然地不停地为人们"效劳"。

"勿以恶小而为之，勿以善小而不为。"习惯的养成总是在于小事的作为之中，而人最难战胜的就是自己。发现自身的问题时，试着改变自己，从小事入手，渐渐培养自己的好习惯。

 ·魔律要点·

任何行为，只要你能够持续不断地加强它，它终究会变成一种习惯。

需求定律：需求是永远的追求

有位年轻人到奔驰公司要买一辆轿车，看完陈列厅里的 100 多辆样车后，竟没有一辆中意。他表示想要一辆灰底黑边的车。销售员告诉他，本公司没有这种车。公司的销售部主任得知情况后十分生气，他对销售员说："像你这样做生意，只能让公司关门歇业。"销售部主任设法找到那个年轻人，告诉他两天后来取车。两天后，年轻人看到了他想要的灰底黑边车，但还是不满意，说这车不是他要的规格。经验丰富的销售部主任耐心地问："先生要什么规格的，我们一定满足您的要求。"三天后，年轻人高兴地看到他想要的规格、型号、式样的车。可是他试开了一圈后，对销售部主任说："要是能给汽车安装个收音机就好了。"当时，汽车收音机刚刚问世，大多数人认为给汽车安装收音机容易导致交通事故，但销售部主任犹豫了片刻后仍对年轻人说："先生下午来可以吗？"

挑剔的年轻人终于从奔驰公司买走了他中意的车。他感激地对销售部主任说："感谢您的周到服务。我想，有您这种服务态度，贵公司肯定会赚大钱的。"

奔驰之所以成为奔驰，不仅在于其质量上的精益求精，也在于其以顾客需要为导向的全心全意的服务。

一天，有几个顾客到希尔顿酒店住宿。早上醒来就打电话向服务员订早餐，结果这位顾客所订的早餐是酒店已经告知顾客从不售卖的，只是这位顾客没有看到而已。

于是这位性格暴躁的顾客开始拍桌子大发雷霆，大骂希尔顿酒店的服务是假的，是吹出来的。

在场的女服务员并没有与他争执，而是道歉之后退出门去，一会儿工夫她端着一份顾客需要的早餐出现在顾客的房间，并向顾客解释说："尊敬的先生，这种早餐组合酒店是一直都没有为顾客提供的，这一份呢，是我从我自己的家里为您带来的，就算是送给您的小小礼物，欢迎您以后再次光临希尔顿酒店。"

此时，这位冒失的顾客才如梦初醒，忙不迭地感谢服务员，不绝口地夸赞希尔顿酒店的服务的确是名不虚传。

当天下午，这位顾客就把散住在周围酒店的几十个同伴，都带过来入住希尔顿酒店。

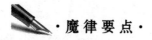 ·魔律要点·

任何人做任何事情都带有一种需求。尊重并满足对方的需求，别人才会尊重我们的需求。

拒绝定律：拒绝，也是一种选择

麦考梅克在大学任职时，曾聘用了一位极有才华又独立自主的撰稿员。有一天，麦考梅克有件急事想拜托他。

他说："你要我做什么都可以，不过请先了解目前的状况。"他指着墙壁上的工作计划表，显示超过 20 个计划正在进行，这都是早已安排下来的。

然后他说："这件急事至少占去几天时间，你希望我放下或取消哪个计划来空出时间？"他的工作效率一流，这也是为什么一有急事麦考梅克就会找上他的原因。但麦考梅克无法要求他放下手边的工作，因为比较起来，正在进行的计划更为重要，麦考梅克只得另请高明了。

作为团队的一名成员，时常会遇到这样的情况：领导叫你干某一件事情，也许是慑于领导的压力，也许是出于某种考虑，你往往不会拒绝领导的安排，立马应承下来：即使这件事不属于你的职责范围，即使这件事超出了你的工作负荷。

对上司的要求来者不拒，就能使上司认为你能力强？就能使上司认为你任劳任怨，是一个优秀员工？你不顾自己能力的强弱和现实条件而承接下来的任务，有时反而会成为你额外的枷锁，甚至会为自己带来危险。

如果只是为了一时的情面，即使明知无法保证可以做到的事也接下来，一旦失败了，上司往往也不会考虑你当初的热忱，而只会以这次失败的结果对你进行评价。到时，不仅你为完成这件事情所做出的种种努力会付诸东流，上司也会把失败的原因归结到你的头上，更会产生你对工作不负责任、只知道博上司一时开心的印象。那可真是哑巴吃黄连，有苦说不出。

早知如此，何必当初。量力而为，是我们应该懂的道理。自己感到难以完成的事，只因上司委托，不得不接下来，就显得过于软弱了。纵使是平时对自己不错的上司委托的事，但自觉做不到，你也应很明确地表示态度，说："对不起，我做不到。"

当上司把大量的工作交给你，使你不胜负荷时，你可以主动请求上司帮你定出先后次序，当然，醉翁之意不在酒了。例如："我现在有 5 个大型计划，10 个小项目，我应该最先处理哪个呢？"明智的上司自然会懂得你的言外之意，也能体会你的认真谨慎，自然会把一些细枝末节的工作交给别人处理，不再强迫你。若要集中精力做紧急的要务，就得排除次要事务的牵绊，此时需要有说"不"的勇气。

有时候拒绝是一个漫长的过程，对方会不定时提出同样的要求。若能化被动为主动地关怀对方，并让对方了解自己的苦衷与立场，可以减少拒绝的尴尬与影响。当双方的情况都改善了，就有可能满足对方的要求。对于业务人员，例如：保险业者面对顾客要求，自己无法配合时，这种主动的技巧更是重要。

拒绝的过程中，除了技巧，更需要发自内心的耐心与关怀。若只是敷衍了事，对方其实都看得出来。这样的话，有时更让人觉得你不是个诚恳的人，对人际关系伤害更大。总之，只要你是真心地说"不"，对方一定会体谅你的苦衷。

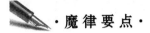 **·魔律要点·**

世界上有无数烦杂之事，你不可能一一去完成，使每个人都满意。首先必须学会说"不"。不会拒绝的人，有可能就会被成功拒绝。其实，拒绝，也是一种选择。

承诺定律：没有承诺就没有成功

人们作出承诺的时候，也要注意是否具有兑现这个诺言的能力。在这一意义上，相信承诺的人等于对结果进行了投资。拥有一个与你的成就息息相关的听众，为承诺注入了真正的力量。你的承诺越公开化，它们就越有力量。

在一个组织中，那些一直都信守诺言的人，被以一种独特的方式给予奖励。他们被给予了更多的责任。相反，那些以不为自己的话负责而闻名的人会遭到驱逐，被视为可怕的存在。他们说的话从来不被重视，直到最终离开。一些传统的公司还有一些关于放逐的独特并惨痛的形式：那种人将被安置到公司的角落，仅给他提供一张桌子和一张报纸。

别人一般不会忘记你的许诺。像做好事一样，他们会积极主动地帮你记录哪些承诺兑现了，而哪些没有兑现，包括贯穿始终的责任。这里的一份报告是对你是否兑现了承诺的总结，并被纳入到你的高效操作系统之中，它使你的承诺和别人的期望有了一个结果。你再次巩固了他人对你的评价，并增进了你与他们之间的关系。

我朋友问他儿子在即将到来的学期里，打算怎样学习数学。"我许诺能拿到 A。"孩子回答。而他的成绩最后却是 C。

他儿子的默认的系统逻辑是这样的：

承诺得 A+ 实际得 C+ 借口（老师不喜欢我）=A

在他的想法里，他的目标（许诺得 A），加上他得的分数（C），再加上他的辩解（"老师不喜欢我"的借口）等于 A。这是一个严密的系统。这系统通过产生于默认逻辑的自我辩解，来进行自我肯定。根据他儿子的默认逻辑，能提高他的表现并保持承诺的唯一方法：碰上一个喜欢他的老师。在这个处理承诺的不足之处的系统中，没有对他的表现和自我提高负责的可能性。

你和我都像这个不幸的孩子一样，都存在默认系统逻辑的问题，只是对自己的辩解更老练一些罢了。

一个人在作出承诺之前，会犹豫，会有退缩的机会，会出现总是失败的情况。对所有的启始的（和创始的）行动来说，有一个真理，不懂这个真理就会谋杀无数绝好的点子和计划。而一旦一个人确定无疑地作出了承诺，各种本来不会出现的好事都开始出来帮助他。承诺的决定产生了一连串的事情，产生了有利于一个人的各种各样的从未预见到的活动、会议和物质帮助，而这些都是人做梦也想不到的。

对于承诺的信守，就是你的责任。一旦你作出什么承诺，你就必须承担履行这个承诺的责任。如果你是一个信守承诺的人，别人可能会对你信守承诺表示赞美，你也许不会沾沾自喜，因为你觉得自己本该这么做，这是你的一种生活态度。比如守时，也是一个人最基本的责任。要知道，一个人不守时就相当于在浪费别人的生命。我们有能力承担这样的一个后果吗？在我们的生活中，总会有一些不守时的人，他们自己对此不以为然，这也是他们的生活态度。所以，不必遵守公司规定的想法，只能说明你没把自己的责任、承诺当回事儿。

 **·魔律要点·**

承诺未必能够保证成功，但是没有承诺，也就没有成功。

承诺并不是保证。保证暗含着如果约定的事情没有发生则将要作出赔偿的意思。一般，人们会降低执行标准以避免无法实现时招致惩罚。在组织中设立惩罚机制，一定会导致执行效果下降。如果你要求人们保证达到一定的结果，他们会变得厌恶风险，往往会设立不充分的目标，并且回避作出承诺。相反，对实现承诺进行认可和奖励，是产生高效的理想方法。

羊群效应定律：擦亮双眼不跟风

一位石油大亨到天堂去参加会议。一进会议室，大亨发现已经座无虚席，找了半天也没有找到地方落座，于是他灵机一动，对着座位上的人群大喊一声："地狱里发现石油了！"听到这声"发现石油"的惊叫，座位上的石油大亨们纷纷起身，向着地狱跑去。不久，宽敞的会议大厅里就只剩下那位后来者了。这时，这位大亨心想，大家都跑了过去，而且居然没有一个人回头，莫非地狱里真的发现石油了？于是，他也急匆匆地向地狱跑去。

羊群效应就是比喻人都有一种从众心理。从众心理往往在于信息量不充分，决策者很难作出合理的判断，而自主的行为带有一定的风险。从众心理很容易导致盲从，而盲从往往会使人陷入骗局或遭到失败。

管理学认为，在一些企业的市场行为中，羊群效应是一种常见的现象。由于市场的复杂，信息的杂乱，商家的保密行为和市场变化的不确定性，使得企业决策者的信息缺失，投资者很难对市场未来的不确定性作出合理的预测。在这样的情况下，决策者通过观察同行的行为来提取信息，作出判断，以减小市场风险。信息在不断传递中，大致相同的信息被彼此强化，从而产生从众行为。"羊群效应"是由个人理性行为导致集体的非理性行为的实用机制。

羊群效应一般出现在信息不对称的行业。在这个行业中，有一个领先者（领头羊）拥有丰富的信息，占据了主要的注意力；跟风者就会不断模仿这个领头羊的一举一动，领头羊到哪里去"吃草"，其他的羊也去哪里"淘金"。

美国科学家让布雷利教授曾经做过一个松毛虫实验。他把若干松毛虫放在一只花盆的边缘，使其首尾相接成一圈；在花盆的不远处，又撒了一些松毛虫喜欢吃的新鲜松叶。松毛虫开始一个跟一个地绕着花盆一圈又一圈不停地走，寻找它们的食物。这一走就是七天七夜，在寻找食物的过程中，饥饿劳累的松毛虫尽数死去。可悲的是，只要其中任何一只稍微改变路线就能吃到嘴边的松叶。

动物如此，人类也不见得更加高明。社会心理学家研究发现，影响从众心理的最重要的因素是持某种意见的人数多少，而不是这个意见本身。人数多，本身就有说服力。很少有人会在众口一词的大形势下还能坚持自己的不同意见。"群众的眼睛是雪亮的"、"木秀于林，风必摧之"、"出头的椽子先烂"，这些今人与古人总结出来的经验教训深刻地说明了这一点。20 世纪末，网络经济一路飙升，公司遍地开花，大量积聚的投资家都跑马圈地一般卖概念，IT 业的 CEO 们个个争着比赛烧钱，烧多少，股票就能涨多少。于是，越来越多的人义无反顾地往这条河水里冲。

2001 年，网络经济的泡沫破灭，浮华尽散，大家这才发现在狂热的市场气氛下，获利的只是领头羊，个别人被养得膘肥体壮，无数跟风者成了牺牲品。传媒时不时地充当羊群效应的煽动者，一条传闻经过报纸、网络的放大，就会成为公认的事实；某一个观点借助电视的炒作就能变成民意。

存在的东西必有其合理的一面，羊群效应并不见得一无是处。这是自然界的优选法则。在信息不对称和预期不确定的条件下，看别人怎么做确实可以降低风险（这在博弈论、纳什均衡中也有所说明）。羊群效应可以产生示范作用、学习作用、推广应用和聚集协同作用，这对于弱势群体的保护和成长很有帮助。羊群效应告诉我们：对他人的信息不可不信，也不可全信，出奇更有制胜的本钱。凡事要有自己的判断，但跟随者也有后发优势，常法无定法！

对于个人来说，盲目地跟在别人屁股后面亦步亦趋，难免被淘汰或被吃掉。最重要的就是要有自己的主见、自己的创意。不走寻常路，才是从大众之中脱颖而出的捷径。不论是加入某一个组织成为其中的一员，或是自主创业，保持创新意识和独立思考的能力，都是至关重要的。

在资本市场上，"羊群效应"是指在投资群体中，单个投资者简捷地根据其他同类投资者的行动而跟风行动，在他人买入时买入，在他人卖出时卖出。导致"羊群效应"的因素比较复杂，比如，一些投资者可能会认为同一群体中的其他人更具有信息优势、投资决策的专业知识，而自己专业知识不够等。"羊群效应"在很多情况下是由系统机制引发。

在"兴旺"的行业，竞争往往很激烈，这很容易产生"羊群效应"。某一个公司短期内赚钱了，其他的企业也蜂拥而至，经营这个行当。直到行业供应大大增长，生产能力超过市场需要，供求关系严重失调。

对于职场人而言，在就职方面，往往也出现"羊群效应"。有人做 IT 赚钱了，于是大家一窝蜂去做 IT；做管理咨询赚钱了，于是大家又一窝蜂去管理咨询公司；在外企干活，工作环境好，薪水也高，嘴里还时常蹦出洋气十足的英语单词，这样的小白领，看上去风风光光，于是大家都去学英语；现在做公务员很稳定，收入也不错，大学毕业生都去考公务员，都来挤独木桥……但是，我们不应该是羊，因为我们有自己的脑子，应该学会思考，去衡量自己。

人应该去寻找真正属于自己的工作，而不是所谓的"热门"工作。如果个性与工作不合，努力反而会导致更快地失败。我们还要留心自己所选择的行业和所在公司所潜藏的危机。即使是朝阳产业、大企业也不可能是"避风港"，风险永远存在，必须大胆而明智地洞察。

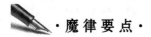 **·魔律要点·**

在一群羊面前横放一根粗大的木棍，第一只羊奋勇地跳了过去，第二只、第三只也会跟着跳过去；这时，把那根棍子悄悄撤走，后面的羊，走到这里，仍然像前面的羊一样，向上跳一下，尽管那根拦路的棍子已经不在了。这就是所谓的"羊群效应"，也称"从众心理"，即在信息量不充分的情况下，人们容易产生盲从行为。

蝴蝶效应定律：一件小事也能引发的巨变

多少年来，蝴蝶效应的科学内涵和哲学魅力一直使专家们深思。

在生活中，蝴蝶效应告诉我们一些表面上看似极微小的事情，却有可能造成整件事情内部的分崩离析。一个西瓜表面只是开了一个小小的裂口，里面却已经腐烂变质。也如棋手们常常念叨的那样："一着不慎，满盘皆输"。

在西方，流传着这样一首民谣，会让你更形象地了解到蝴蝶效应在生活中无形的影响力：

　　丢失一个钉子，坏了一只蹄铁；

　　坏了一只蹄铁，折了一匹战马；

　　折了一匹战马，伤了一位骑士；

　　伤了一位骑士，输了一场战斗；

　　输了一场战斗，亡了一个帝国。

不要觉得这篇民谣显得有些夸张，正如"千里之堤，溃于蚁穴"一样，微小的变故确实能够造成那样严重的后果。马蹄铁上一个钉子的丢失，本是初始条件十分微小的变化，但其"长期"效应却是一个帝国存与亡的根本差别。可以看出：初始条件十分微小的变化经过不断放大，对其未来状态会造成极其巨大的差别。

一些微小的细节，可能改变人的一生。看看亨利·福特的故事。

亨利·福特是福特汽车公司的创始人。他大学毕业后，去一家汽车公司应聘，一同来应聘的几个人个个学历都比他高，但面试的结果是，唯独他被录用了。

在面试时，当他在走进董事长办公室的时候，看见地上飘落的一张废纸，他顺手把它捡起来，扔进了垃圾篓中。正是这个不经意的动作，让福特获得了走进汽车公司工作的机会。正是这一机遇，为他日后开创自己的汽车事业，打开了一扇门。

一些看似偶然的事情，实则必然。著名哲学家威廉·詹姆士说过："播下一个行动，你将收获一种习惯；播下一种习惯，你将收获一种性格；播下一种性格，你将收获一种命运。"

正如那位哲人说的一样，一次大胆的尝试，一个灿烂的微笑，一个习惯性的动作，一种积极的态度和真诚的服务，都可能发生在生命中某个意想不到的起点，它能带来的远远不止于一点点喜悦和表面上的报酬。

"蝴蝶效应"揭示一个道理：如果忽视一个微小的纰漏(关键性的纰漏)，不以为然，听任发展，往往会像多米诺骨牌那样引起崩溃。松树上掉下一颗雪球，可能引发一场雪崩，随手扔掉的一个烟头可以烧掉整个森林。

2003年，美国发现一宗疑似疯牛病的案例。一则不起眼的新闻报道，随即就给刚刚复苏的美国经济带来一场破坏性很强的飓风。那头倒霉的"疯牛"，扇动起"蝴蝶翅膀"，使140万个工作岗位的工人失业，以及总产值高达1750亿美元的美国牛肉产业被抛到风险的浪尖上；而作为养牛业主要饲料来源的美国大豆和玉米业，也受到强烈的波及，其期货价格迅速下跌，而且难以阻止。

在这场"疯牛病飓风"中，美国消费者对牛肉产品的信心下降，起到了最终推波助澜的强大作用，将损失"发挥"到最大。

在全球化的今天，这种恐慌情绪造成了美国国内餐饮企业的大面积萧条，而且扩散到了全球，11个国家紧急宣布禁止从美国进口牛肉，远在大洋彼岸的中国广东等地的居民都对西式餐饮敬而远之。

你能想象得出，一个美国人抽烟和中国的通货膨胀有什么关系吗？

假设美国有一个人正在抽烟，急促的电话铃声，让这位烟民不小心把没熄灭的烟头扔在了床边，然后出门办事去了。烟头慢慢引燃床单，大约20分钟后，火越来越大，而且蔓延到左邻右舍，引起煤气罐的连环爆炸。已经对"恐怖袭击"胆战心惊的美国人，没有找到那个肇事者（扔烟头的人）曾扔过的烟头，在一时无法查明原因的情况下，把这场爆炸暂时定性为"恐怖袭击"。

新闻记者，用他们生动的语言描述了惊心的爆炸场面，惊恐万状的人们第一反应是纷纷抛售口袋里的股票，引发股市大跌。

消费者迅速下降的信心影响了整个美国经济，最后造成美元贬值。而美元的持续贬值，使得以美元标价的基础性原材料价格步步上扬，盯住美元的人民币价格也相应上扬。以原材料为基础的商品价格上涨，引发中国的成本拉动型通货膨胀。

这个想象出来的例子比较夸张，但由此我们可以看到，当我们在解释某种经济现象时，如果从常规的原因分析中无法找到答案，就要考虑那些看起来无关紧要的因素。当然，这种因素实在太多，也太不可预测，难以把握，这也是为什么经济学家总是难以精确地预测具体经济指数的原因。但也正是这种不可预测性造就了丰富多彩的世界，造就了变化多端的现实。

蝴蝶扇动翅膀都有可能引起龙卷风，那还有什么不可能呢？"没有什么不可能"，恐怕这就是"蝴蝶效应"给我们最大的启示。

·魔律要点·

南美洲亚马逊河边的热带雨林中，一只蝴蝶扇动几下翅膀，两周后就有可能引起美国得克萨斯的一场龙卷风。这样的事可能吗？

有人这样解释：蝴蝶翅膀的运动，导致身边的空气系统发生变化，并引起微弱气流的产生。而这些微弱的气流又会引起它四周空气或其他系统产生相应变化，由此引起连锁反应，最终导致其他系统的极大变化。

"蝴蝶效应"听起来有点荒诞，但说明了事物发展的结果，对初始条件具有极为敏感的依赖性；初始条件的极小偏差，将会引起结果的极大差异。英文有句话是："Study the Earth as a whole"，其意指世间万物都是联系在一起的。汉语中也有不少这样的谚语，如"失之毫厘，谬以千里"。其实，蝴蝶效应说明的同样是这个道理：事物都是有联系的，一件小事的改变都有可能引起周围事物的相应变化。

美即好定律：表面现象总能迷惑人

对他人的印象一旦以情绪为基础，失去了理性的分辨，这一印象常常会偏离事实。看不到优秀事物背后的东西，就不能真实地解读它。

我们常常看到这样的情形，当一个人在某一方面很出色，如相貌漂亮，写得一手好字，做得一手好菜，人们往往自然而然地认为在其他方面他也会出色。更有甚者，一旦认为某个人"不错"，就赋予他一切好的品质，便认为他所使用过的东西、跟他要好的朋友、他的家人都很不错。

在与别人的交往过程中，我们很难做到实事求是地评价一个人，往往根据已有的经验对其各方面的情况进行推测，从对方具有的某个特性泛化到其他相关联的一系列特性上，从局部信息形成一个完整的印象，由一定量的信息进行"定性"，这样的结果常常是一好俱好，一坏俱坏。

人不可貌相，海水不可斗量。要是以貌取人，或是对一个人的能力以偏概全，有可能会丢失很多宝贵的东西。然而现实生活中，我们却偏偏乐于做"以貌取人"的游戏。

近代航海事业的开拓者之一麦哲伦，带领自己的船队完成了环绕地球一周的壮举，成功地向世人证明了地球是圆的。他的成功，得益于西班牙国王卡洛尔罗斯的帮助。

自哥伦布航海成功以来，许多投机者妄图进行新的航海探险，为求得资助，他们频频出入王宫。

为表明自己与这些人不同，在觐见国王时，麦哲伦特地邀请了著名的地理学家路易·帕雷伊洛一同前往。

公认的地理学权威帕雷伊洛久负盛名，国王对他也相当尊重。帕雷伊洛将地球仪摆在国王面前，陈述麦哲伦航海的可行性、必要性以及这次航行将为国王带来的种种好处。

看到麦哲伦的航海计划得到专家帕雷伊洛的大力支持，国王于是爽快地答应资助这次航行，并向麦哲伦颁发了航海许可证。

当麦哲伦等人结束航海后，人们发现帕雷伊洛对世界地理存在诸多错误认识，还发现他所计算的经度和纬度的偏差。

从这件事上可以看出，当初帕雷伊洛劝说卡洛尔罗斯的内容无关紧要，卡洛尔罗斯国王只是因为那是"专家的建议"，就认定帕雷伊洛的劝说是值得信赖的。

这件事说明，正是国王的"美即好"心理效应：专家的观点不会有错，成就了麦哲伦的环球航行的伟大成功。

实质上，美即好效应是一把双刃剑。在人才的甄别上，面对权威人士的观点，也要做理性的分析，避免误导。

学校是培训人才的地方，却经常看到一种令人痛心的现象。对学习成绩好的学生，老师面露喜色，青睐他们。对学习成绩较差的学生，常常表现出讨厌的情绪。

我们应当明白一个道理："尺短寸长"。对老师来说，每个学生身上都有特长，也有不足。教师要用发展的、辩证的、全面的眼光看待学生，不能让成绩成为"一票否决"的指标；既看到成绩不好的学生不足的一面，也看到成绩不好的学生优秀的一面；避免部分学生滋生优越感，而另一部分学生形成自卑感。

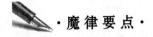 **·魔律要点·**

对一个外表英俊漂亮的人，人们很容易误认为他或她的其他方面也很不错。这正如中国成语"爱屋及乌"描述的那样，喜欢上某栋房子，连那屋顶上停落的乌鸦，也一同喜爱起来。

近因定律：最近的印象很重要

多年不见的朋友，在自己的脑海中的印象最为深刻的，其实就是临别时的情景；一个朋友总是让你生气，可是谈起生气的原因，大概只能说上两三条，这也是一种近因效应的表现。在学习和人际交往中，这两种现象十分常见。

与首因效应（第一印象）相反，近因效应是指交往中最后一次见面给对方留下的印象，这个印象在对方的脑海中存留的时间比别的印象留存的时间更长。

心理学者海斯洛做过这样的实验：将被试者分为两组，分别向每组介绍一个人的性格特点。

对甲组先介绍这个人的外貌特点，然后介绍其性格特征；对乙组则相反。

然后考察这两组被试者留下的印象，考核的结果证实了近因效应的结论。

海斯洛把上述实验方式加以改变，在向两组被试者介绍完第一部分后，插入其他作业，如听历史故事、做一些数字演算、唱流行歌曲，之后再介绍第二部分。实验结果表明，两个组的被试者，都对第二部分的材料留下了深刻印象，近因效应明显。

心理学研究表明，人与人交往的初期，首因效应的影响重要；而在交往的后期，彼此已经相当熟悉，近因效应的影响也同样重要。现实生活中，近因效应引发的心理现象相当普遍。

张强与李敢是小学的同学，从那时起，两个人就是好朋友，互相非常了解。

最近，李敢家中闹矛盾，心情十分不好，有时张强与他说话，他动不动就发火。

一个偶然的因素作用，李敢卷入了一宗盗窃案。张强认为李敢连盗窃的事也做得出，就认为过去他一直是在欺骗自己，于是与他断绝了交往。

类似于这样的事，就是近因效应在起负作用。

朋友之间的近因效应有正性与负性之分。负性近因效应大多产生于交往中遇到与愿望相违背的情形。因为愿望未遂，或感到自己受屈、善意被误解时，其情绪表现为激情。在激情状态下，人们对自己行为的控制能力，和对周围事物的理解能力，都会有一定程度的降低。这时，容易说话出错，甚至说过了头；容易做出错事，产生不良后果。因此，朋友之间提倡忍让，防止矛盾激化。待心平气和时，彼此再理论清楚，明辨是非。

从近因效应的规律可以看出，在总体印象形成过程中，新近获得的信息比原来获得的信息影响力更大。研究发现，近因效应一般不如首因效应明显和普遍。在印象形成过程中，当原来的印象已经淡忘，不断有足够引人注意的新信息出现时，新近获得的信息的作用力就会比较大，容易引发近因效应。

个性特点也影响近因效应或首因效应的发生。一般情况下，那些心理上开放、灵活的人容易受近因效应的影响；而那些心理上保持高度一致，具有稳定倾向的人，容易受首因效应的影响。

在人与人的语言交往过程中，往往最后一句话决定了整句话的调子。例如，一位毕业班的教师向准备迎接高考的考生说："随便考上一个学校，该没有什么问题吧？虽然录取率那么低。"或者说："虽然录取率那么低，总能考上一个学校吧?"这两句话的意思是一样的，给考生的感觉会有什么区别呢？

仔细感受一下这两句话，你会发现，前者给学生留下悲观的印象，后者则相反，给考生们一种乐观的语调。有时说话者尽管有心讲出令人感到欢欣鼓舞的话，但如果最后一句话是悲观的语调，整句话就呈现出悲观的气氛。语句排列的顺序不同，给人的印象则全然不同。

教师在批评学生时，也应注意语句的先后顺序，尽可能使它产生一个良好的近因效应。

平时，学生所做的某些事情确实令教师生气，甚至发火，有时还会与学生闹成僵局。作为教师，给予严厉批评后该怎么办？不能让教师与学生之间的僵局延续下去，有必要采取措施，打破那种沉闷的僵局。

"近因效应"的功能明确告诉我们：怒责之后，莫忘安慰。也就是说，在批评过程中，难免有些情绪化，甚至语言有些过激；但只要结束语妥帖，安慰几句，就能给学生一个好的印象。例如："……也许，我的话讲得重了一点，相信你能理解我的一番苦心。""……很抱歉，刚才我的情绪太激动了，希望你能好好加油!"用这样的话做结束语，学生就会有受勉励之感，认为前面的一番批评虽然严厉了一点，但都是为着我好的。相反，如果用"听懂了没有?!""听不听由你，到时候你就知道什么叫吃苦头了!""如果再犯，我决不会饶你!"这样一些威胁性甚至命令式的结束语，只能给学生留下一个厌恶的印象。

人生的成功，不只是事业的成功，生活的成功也是重要的一面。相对于事业而言，生活更加多姿多彩，因为生活是情绪化的。在生活领域里，人的动机除了理性的因素外，感性的因素占更重要的部分。

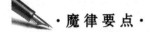

·魔律要点·

美国社会心理学家海斯洛认为，个体最近获得的信息、最后形成的印象对其认知有强烈的影响，即所谓的近因效应。与首因效应（第一印象）相反，近因效应是指在多种刺激出现的时候，印象的形成主要取决于后来出现的刺激。交往过程中，我们对他人最近、最新的认识占了主体地位，掩盖了以往形成的对他人的评价。因此，也称为"新颖效应"。

Part 3
万变世界绝对不变的处世魔律

"做事先做人，这是处世原则；立业先立德，这是做人原则。"做人和做事一样重要。做人做事可方可圆。海纳百川，有容乃大；心胸广宽，得道多助；静能生明，怒以伤身；静以修身，宁静致远。

80/20 定律：牵住 "牛鼻子"

1998 年，在梅格·惠特曼出任 eBay 公司 CEO 六个星期之后，她主持了一次讨论收缩销售战线的会议，并再次检查用户数据。经过两天的排列和整理，惠特曼和团队几位主要领导发现，eBay 公司 20% 的用户占据了公司总销售量的 80%。

针对这一结论，大家展开了热烈的讨论。讨论的结果是，大家一致认为，针对这 20% 客户的决策，对于 eBay 公司的发展和收益来说，非常关键。

当 eBay 公司管理层追踪这 20% 的核心用户的身份时，他们发现这些人都是严肃的收藏家。

有了这一重大发现，惠特曼和她的团队决定，不再学习其他网站的通常做法，即不再在大众媒体上通过大量投放广告去吸引客户，转而在收藏家更容易关注的专业媒体，如《玩偶收藏家》、《玛丽·贝丝的无檐小便帽世界》上，加大宣传力度。这一决策的重大转变成为 eBay 成功的关键。

将注意力集中在核心用户上，促成 eBay 公司诞生了 "大销售商计划"。

该计划旨在通过支持核心客户，从而带动 eBay 公司自身有更加良好的表现。该计划向三类大销售商提供了特权和许可，他们分别是：金牌用户，每月销售 25000 美元；银牌用户，每月销售 10000 美元；铜牌用户，每月销售 2000 美元。获得了买家好评的大销售商，eBay 公司就会在他们的名字旁边加注一个专用徽标，并给他们提供更便利的客户支持（比如，金牌销售商可以拥有 24 小时客户支持的热线电话）。

随着竞争的加剧，那些一向依赖大众客户的快餐业也把眼光投向"核心用户"，因为他们终于发现，20%的核心客户占去了客流量的 60%，而在销售额和利润中所占的份额就更大一些。

快餐业的核心客户是单身男士，这类消费人群年龄在 30 岁以下，一般每月光顾快餐店 20 多次。肯德基公司了解到自己的核心客户通常是那些在车上就餐的人，这类人由于不大喜欢在开车的同时处理剩下的骨头，肯德基公司就专门为这些人推出了一种鸡肉三明治。

肯德基公司客户服务部高级主管纳鲁尔曾对《华尔街日报》的记者说："我们的核心客户现在可能正在肯德基公司以外的其他地方，吃掉了一吨鸡肉三明治。"

一些跨国公司的老板，之所以活得轻松，很重要的原因是由于二八定律的贡献。

比尔·盖茨的企业资产有数百亿美元之巨，可他却能轻松地"周游列国"，来中国旅游就有两三次之多；与比尔·盖茨的企业相比，股神巴菲特的企业也毫不逊色，每星期他都会安排时间观赏两部电影。

像 GE 这样的超级跨国公司，实力雄厚，它也适时确定并不断调整企业阶段性 20%的重点经营要务。在二八定律的指导下，规模很大的企业被管理得有条不紊，那些重点经营要务在倾斜性管理中得到突出，有效地发挥了带动企业整体性经营全面发展的"龙头"性作用。

"美国人的金钱装在犹太人的口袋里。"为什么犹太人有着如此高超的经营技艺？

犹太人认为，存在一条 78：22 的宇宙法则。世界上许多事物，都差不多是按 78：22 这样的比率存在的。比如空气成分中，氮气占大约 78%，氧气及其他气体约占 22%。人体中，水分约占 78%，其他约为 22%。

在生存和发展之道上，犹太人始终坚持二八法则，把精力用在最见成效的地方。

美国企业家约克尔在为格登公司销售油漆时，头一个月仅挣了 170 美元。约克尔仔细研究犹太人经商的秘籍，发现了他们的这个"二八法则"，他便运用这个方法来分析自己的销售图表。

约克尔发现，自己 80% 的收益却来自 20% 的客户。但是，回过头来一看，他对所有的客户花费了同样多的时间。约克尔意识到，这就是他失败的主要原因。

于是，他把不活跃的 52 个客户分派给别的人去关照，而自己则把精力集中到最有希望的核心客户上。成效立刻显现出来，他一个月就赚到了1000 美元。

正是依照犹太人经商的二八法则，约克尔走向了成功，并建立了自己的油漆公司。

在运用二八定律方面，通用电气公司也走在了前面。通用电气公司把奖励放在第一，它的薪金和奖励制度使员工们工作得更快，也更出色，它奖励的是那些完成了高难度工作指标的员工。

摩托罗拉公司内部也有相应的规定，公司高管层有这样一个雷打不动的看法：在 100 名员工中，前面 25 名是好的，后面 25 名差一些，应该做好两头人的工作。对于后 25 人，也不放弃，而是要给他们提供发展的机会；对于表现好的（前 25 名），要设法保持他们的激情。

诺基亚公司高层也信奉二八法则，为最优秀的 20% 的员工设计出一条梯形的奖励曲线，规划出相应的成长道路。

传统的智慧教你不要把所有的鸡蛋都放在同一个篮子里，那样做风险太大。可是二八定律却要你谨慎地选定一个篮子，将你所有的鸡蛋都放进去，然后像老鹰那样集中精力死死盯紧它。

许多人喜欢"脚踩两只船"，更多人期望"鱼和熊掌均可兼得"，这样的理念与做法，势必稀释企业资源，分散管理层精力，导致企业战线漫长，元气耗伤。

抓住了"20%"，牵住了"牛鼻子"，你就能取得经营的成功。80/20 原理对我们的自身发展也有着重要启示。我们要避免将时间和精力花在琐事上，要抓主要矛盾。一个人的时间和精力都是有限的，要想做好每一件事情几乎是不可能的，而学会合理分配时间和精力的人，就能活得更轻松。与其面面俱到，还不如在重点突破上花工夫。把 80%的资源花在能出效益的关键的20%上，这 20%又能带动其余 80%的发展。

·魔律要点·

在原因与结果、努力与收获之间，普遍存在着不平衡关系。典型的情况是：80%的收获来自 20%的努力；其他 80%的力气只带来其余 20%的结果。

这就是人们常说的"80/20"定律，又称"马特莱法则"或"二八法则"，是 19 世纪末 20 世纪初意大利经济学家、社会学家维弗烈度·帕累托提出来的。

经过对群体长期的观察、研究，维弗烈度·帕累托发现：在任何特定群体中，重要的骨干人才通常只占少数，而不重要的普通员工则占多数；只要能控制住具有重要性的少数领导人物，即能控制全局。经过多年的演化，这个原理已变成当今管理学界所熟知的"80/20"定律：即团队里 20%的人创造了 80%的价值，而其余 20%的价值则来自 80%的普通工作者。

这一定律提示人们，将**20%**的经营要务，明确为企业经营应该倾斜的重点方面；指导企业家在经营中收拢五指握成拳，突出重点，全力以赴，以此来牵住经营的"牛鼻子"，带动企业经营的各项工作顺势而上，取得更好的成效。

宽恕定律：一切的不宽容都来源于忌妒

"海纳百川，有容乃大；壁立千仞，无欲则刚。"法国作家雨果说得好："世界上最宽阔的是海洋，比海洋更宽阔的是天空，比天空更宽阔的是人的胸怀。"选择宽容，更要正确把握宽容，才能创造美好的人生。

苏格拉底被人踢了一脚，却表现得若无其事，他对不解的人解释："这就好比一头驴踢了我，我也应该像它一样动作吗？"这个故事作为宽容的典范流传至今，但我们还是嗅出了其中的异味。我们与其把它看成宽容，倒不如把它归入机智。他用驴来比人，用辱骂表示自己的轻蔑，实际上并没有宽容。真宽容，首先要宽容自己。只有宽容自己的人，才可能对别人宽容。所谓"天下本无事，庸人自扰之"。人的烦恼有大半是源于自己的。画地为牢、作茧自缚者，自古有之。芸芸众生，各有所长，亦各有所短。争强好胜不是不可，但是要有个"度"，超过自己的能力，妄求太多，就会为些许身外之物所累，使自己生活得身心疲惫而失去了做人的乐趣。只有承认自己在某些方面不行，才能于淡泊之中体味出真谛，于宁静之中获得充实，才不至于使忌妒之火吞灭心灵之光。宽容自己，在这里也是善待自己。人的一生，大都是有顺有逆的。在这短暂的旅途中，难免会跌倒。但是我们在逆境之中要懂得为自己释怀。当把失意、委屈、愤懑放下时，我们即刻又能够勇敢地站起来。就在我们放下的一刹那，会得到一种新的体悟，同时心灵与智慧也会得到自由、宽慰与成长。

宽容更外在的表现，在于宽容别人：不仅宽容别人的错误，更要宽容别人的长处。"宽容"一词可以做如下解释：唯宽可以容人。这个世界很大，每个人都有自己的生存空间，每个人做事都有自己的理由。当别人无意甚或是有意地侵犯到我们时，设身处地地为他们想想，看看是否有可以宽恕他们的理由。如果对方真的错了，那么试着原谅对方的错误。要真正做到这一点，需要我们有足够宽广的胸怀。其实原谅对方的错，同时也是你不拿对方的错误惩罚自己；如果别人错怪了我们，而我们因此而难过，那不恰恰是犯了双重错误吗？

宽容更难做到的是"宽容别人的长处"。这似乎不合逻辑，可是看看宽容的定义就知道，宽容的中心词是"容忍"。这就当然包括正确地对待别人的长处。房龙说过："一切的不宽容都来源于忌妒。"其实对别人优点的不宽容，恰恰是一个人心胸狭窄的表现。

詹姆斯·柏克刚刚进入强生公司不久，他所策划的第一个产品就惨遭市场淘汰。当被召见到董事长办公室的时候，他已满怀沮丧并且做好了被开除的准备。

当柏克走进去的时候，老板约翰逊问道："你就是使我们付出这笔代价的人吗？"柏克点头。约翰逊却说："好，我正要恭喜你。假如你犯了错，那表示你在做决策并且勇于接受风险。如果你不去尝试错误所带来的酸涩的滋味，那么我们公司就不会成长。"

柏克自此更卖力地工作，专注于市场调查和销售渠道，并且还从约翰逊那里学到用宽容之心处理问题，终于成长为强生公司的 CEO。

·魔律要点·

如果把结怨比作一棵树，那么它的树根就是"嗔心"。把这个树根砍掉，这棵树就活不长了。要砍掉这个树根，必须懂得如何宽恕。第一个需要宽恕和原谅的对象是父母，不管你的父母对你做过或正在做什么不好的事，都必须完全、彻底地原谅他们；第二个需要宽恕的对象，是所有以任何方式伤害过或正在伤害你的人，记住你无须与他们勾肩搭背、嘻皮笑脸，你无须与他们成为好朋友，你只要简单地、完全地宽恕他们，就可以砍掉结怨之树的树根；第三个需要宽恕的对象，是你自己。不管你过去做过什么不好的事，请先真诚地忏悔并保证不再犯，然后记得宽恕自己。内疚这一沉重的精神枷锁不会让你有所作为，相反，会阻碍你成为面貌焕然一新的人。

皮格马利翁定律：你期望什么，就会得到什么

很久以前，在塞浦路斯岛上，住着一位伟大的国王，他的名字叫皮格马利翁。他渴望成为英雄，并渴望得到爱情。然而，遗憾的是，他经常感到孤独。

有一天，他开始雕刻一个美丽的女人。他全心全意地投入到这项工作中，所有的孤单和烦恼都随之而去。这项工作完成后，他发现自己雕出来的是一个栩栩如生的美丽女人，他不由自主地深深爱上了她。他不要世界上的其他

一切，只希望这个用石头雕成的女人能有生命。这样，在醒着的每一刻，他都可以和她在一起。他的心都要碎了。每天他都向希腊爱情女神阿佛洛狄特祈祷，希望爱神能够满足他的愿望。

皮格马利翁是个好人，因此，阿佛洛狄特决定帮助他。她来到人间，用魔法把这个冰冷的石雕变成了一个活生生的美丽女人，她的名字叫伽拉忒亚。此后，她和皮格马利翁结合，并永远地生活在一起，过得非常幸福。

希腊神话故事中的这个美好传说，事实上说明了领导艺术的一个根本要素和授权的精髓。"皮格马利翁效应"一词描述了期望所具有的巨大改造力量。当我们传递对他人的看法以及期望时，我们就能够创造一种带有磁性的张力，而这种张力能够把他们引向我们所期望的方向。通过言辞、声音以及身体语言，我们传递或积极、或消极的看法和期望。

"皮格马利翁效应"近些年已经得到了大量研究的证实。哈佛大学研究员罗伯特·罗森塔尔就向我们展示了引人注目的证据，来说明"皮格马利翁效应"的影响力。他去了一些小学，并告诉学校的老师们，他正在进行一项有关学生学习潜力的测试。事实上他并不是真的在做测试。接下来，罗森塔尔告诉老师们，其中一些学生（实际上完全是他随意挑选出来的）的天资非常好，如果能得到充分的指导和支持，他们将会有非常优异的表现。到学年结束时，在罗森塔尔向老师们选出的"冲刺能力强的学生"中，绝大多数人的智商得分和学习成绩都有了大幅度的提高。理由很简单：这项假测试的得分，提高了老师们对这些学生的期望值。因此，老师们在教这些实际上是随意挑选出来的学生时，会真的把他们当作特别的学生来对待。老师们的行为从每个方面都传递了他们对这些学生的信心。之后，罗森塔尔还对社区学院里学焊接的学生进行了类似的研究，取得的研究结果同样引人注目。

20世纪70年代初，一位名叫戴维·罗森哈恩的斯坦福大学心理学教授向我们展示了他的发现。他是从一项历时两年的令人惊讶的实验中获得这些发现的。为了发现精神病院的社会和自然环境对病人所产生的影响，罗森哈恩和他的几位同事获准以精神分裂症患者的身份，住进一些精神病院。除了医院的主要医务人员和管理人员，没有人知道这些研究者的真实身份。

住进医院的那一天，罗森哈恩很安静地坐在精神分裂症患者的病房里。他当时仍穿着宽松长裤和针织套衫，因为他还没有拿到医院发给病人穿的罩衣。这时来了一位医务人员，他显然误把罗森哈恩当成了参观者或医生。他主动和罗森哈恩攀谈了起来。两人聊了很长时间，聊得还挺愉快。这时，这个病房的一名护士看到了这位医务人员，她打手势要他出来。罗森哈恩听到她告诉这位医务人员，和你聊天的这个人是个刚入院的精神分裂症患者。

罗森哈恩在这所医院待了好几个月，几乎每天他都能见到这位医务人员。但从那名女护士告诉他罗森哈恩是病人的那一刻起，他就再没有和罗森哈恩说过一句话！在住进医院的这段时间里，罗森哈恩总是随身带着个笔记本，并不断在上面草草记下他的详细观察。所有的医院工作人员，包括医生、护士和医务人员，都从来没有问过他在写些什么。从他住进医院那一刻起，人们就已经确立了对他的新期望。他不再是一个普通人，而是一个精神分裂症患者。罗森哈恩的同事们在其他医院也获得了极其类似的发现。

每一位出色的家长、教练、老师和领导人，都是像皮格马利翁那样积极的人。他们都非常清楚，永远不要低估别人的重要性。我们每个人都拥有尚未挖掘的伟大之处。作为领导人，我们的首要职责就是帮助团队里的成员发现并培养他们的特质。这意味着我们常常要比他们自己先看到他们的卓越才华。我们必须帮他们展示自己所拥有的才华，这样他们就会开始同样地看待自己。

洛杉矶加州大学篮球队的传奇教练约翰·伍顿就是一个现代版的皮格马利

翁。他对他的球员们深信不疑并极为尊重。对他来说，帮助别人，让他们感觉自己很重要是件非常自然的事情，因为他深知他们确实很重要并经常用言行来传递这种期待。结果，他的球员们的毕业率达95％，远远高于全部学生的毕业率。他手下的很多球员毕业后在从商业到医学和教育等诸多领域里都取得了成功。

伍顿教练经常把他的球队形容为一辆调适得当的汽车。球队中得分最高的球员或"球星"相当于发动机。但无论你的发动机多么强劲有力，如果你的车没有车轮，那么你就走不了多远。得分高的球员要想拿球并得分，离不开善于控球和善于传球的队友们的帮助。那些防守顽强并把球交给得分球员的球员就相当于车轮。那些坐在板凳尽头、很少有上场机会的球员呢？他们就相当于固定车轮的螺帽和螺栓。如果没有人在球队训练时和先发球员积极拼抢并在比赛中给予他们支持，那么先发球员很容易丧失他们的良好状态，注意力也难以集中。因此，球队中的每一员都是非常重要的，无论是场上的球员，还是那些在更衣室里收拾毛巾的人。没有人知道，哪位球员会在什么时候发挥出最重大的影响。成为球星的最大要素，就是获得球队中其他人的支持。

在日常管理过程中，如果我们的管理者像皮格马利翁一样，坚信自己的每一位下属员工都是人才，都是千里马，都有能力为公司做出积极的贡献；并在与员工的接触中，有意无意地向员工传达这种信息，管理者的这种做法将对下属员工的绩效产生积极的影响。管理者期望的力量对员工来说是有非常大的作用的。在这种效应的影响下，员工可能会给予管理者积极的反馈，按照领导的期望行事并最终走向成功。

古人说"用人不疑"和"点石成金"，也就是这个道理。任用一个人，就应该相信他的能力，给他传达一种积极的期望。要想使你的员工发展得更好，作为一个好的管理者，就应该给他传递积极的期望。

当然，如果一个管理者认为自己的下属都是饭桶，一无是处，并经常批评指责自己的下属，那么他的下属也可能真的变得一无是处，成为公司的负债资本，这是一件非常危险而又可怕的事情，我们的管理者要注意这点。

海伦在一家外贸公司工作已经3年了，国际贸易专业毕业的她在公司的业绩表现一直平平。原因是她以前的上司胡悦是个非常傲慢和刻薄的女人，她对海伦的所有工作都不赞赏，反而时常泼些冷水。一次，海伦主动搜集了一些国外对公司出口的纺织品类别实行新的环保标准的信息，但是上司知道后，不但不赞赏她的主动工作，反而批评她不专心本职工作，后来海伦再也不敢关注自己的业务范围之外的工作了。海伦觉得，胡悦之所以不欣赏她，是因为她不像其他同事一样奉承她，但是她自知自己不是能溜须拍马的人，所以不可能得到胡悦的青睐，她也自然就在公司沉默寡言了。

直到后来，公司新调来了主管进出口工作的Sam。新上司新作风，从美国回来的Sam性格开朗，对同事经常赞赏有加，特别提倡大家畅所欲言，不拘泥于部门和职责限制。在他的带动下，海伦也开始积极地发表自己的看法了。由于Sam的积极鼓励，海伦工作的热情空前高涨，她也不断学一些新东西，起草合同、参与谈判、跟外商周旋……海伦非常惊讶，原来自己还有这么多的潜能可以发掘，想不到以前那个沉默害羞的女孩，今天能够跟外国客商为报价争得面红耳赤。

其实，海伦的变化，就是我们说的皮格马利翁效应起了作用。在不被重视和激励，甚至充满负面评价的环境中，人往往会受到负面信息的左右，对自己做出比较低的评价。而在充满信任和赞赏的环境中，人则容易受到启发和鼓励，往更好的方向努力。随着心态的改变，行动也越来越积极，最终做出更好的成绩。

皮格马利翁效应告诉我们，对一个人传递积极的期望，就会使他进步得更快，发展得更好。反之，向一个人传递消极的期望则会使人自暴自弃，放弃努力。在现代企业里，皮格马利翁效应不仅传达了管理者对员工的信任度和期望值，还更适用于团队精神的培养。即使是在强者生存的竞争性工作团队里，许多员工虽然已习惯于单兵突进，但我们仍能够发现皮格马利翁效应是其中比较有效的灵丹妙药。

皮格马利翁效应在学校教育中表现得非常明显。受老师喜爱或关注的学生，一段时间内学习成绩或其他方面都有很大进步，而受老师漠视甚至是歧视的学生就有可能从此一蹶不振。一些优秀的老师也在不知不觉中运用期待效应来帮助后进学生。在企业管理方面，一些精明的管理者也十分注重利用皮格马利翁效应来激发员工的斗志，从而创造出惊人的效益。

1960 年，哈佛大学的罗森塔尔博士曾在加州一所学校做过一个著名的实验。

新学期，校长对两位教师说："根据过去三四年来的教学表现，你们是本校最好的教师。为了奖励你们，今年学校特地挑选了一些最聪明的学生给你们教。记住，这些学生的智商比同龄的孩子都要高。"校长再三叮咛：要像平常一样教他们，不要让孩子或家长知道他们是被特意挑选出来的。

这两位教师非常高兴，更加努力教学了。

我们来看一下结果：一年之后，这两个班级的学生成绩是全校中最优秀的，甚至比其他班学生的分数高出好多。

知道结果后，校长不好意思地告诉这两位教师真相：他们所教的这些学生智商并不比别的学生高。这两位教师哪里会料到事情是这样的，只得庆幸是自己教得好了。

随后，校长又告诉他们另一个真相：他们两个也不是本校最好的教师，而是在教师中随机抽出来的。

正是学校对教师的期待，教师对学生的期待，才使教师和学生都产生了一种努力改变自我、完善自我的进步动力。这种企盼将美好的愿望变成现实的心理，在心理学上称为"期待效应"。它表明：每一个人都有可能成功，但是能不能成功，有时取决于周围的人能不能像对待成功人士那样爱他、期望他、教育他。

 **·魔律要点·**

皮格马利翁定律由美国著名心理学家罗森塔尔和雅格布森在小学教学上提出并予以验证。亦称"罗森塔尔效应"或"期待效应"。它的主要内容是：你期望什么，你就会得到什么；你得到的不是你想要的，而是你期待的。只要充满自信的期待，只要真的相信事情会顺利进行，事情一定会顺利进行；相反，如果你相信事情会不断地受到阻力，这些阻力就会产生。

负责定律：带着责任去战斗

负责任的人是成熟的人，他们做自己的主宰，对自己的言行负责，他们把握自己的行为，无论大事小事都认真负责。换句话说，一个成熟的人必定养成了承担责任的习惯。有了承担责任的习惯，才能真正担负起自己的职责。一个人投入职场需要具有负责任的精神，在岗位上兢兢业业，当换到另外新的岗位上，还需要同样地承担责任，最终把负责任当成一种习惯。

养成负责任的习惯，必须从注重小节开始。责任感有可能就在小事中失去，也会在小事中建立起来。作为员工，不要总抱怨老板没有给你机会，有空的时候不妨仔细想一想，你是否能够在老板交给你任务时，漂亮地完成任务并且没有那么多的废话？你是否平时就给老板留下了一个能够承担责任、勇于负责的印象？如果没有，你就别抱怨机会不来敲你的门。当你少一些抱怨、少一些牢骚、少一些理由，多一分认真、多一分责任、多一分主动的时候，你再看看机会会不会来敲你的门。

法国银行大王恰科年轻时，曾经有很长一段时间找不到工作。他到处求职却总是被拒绝。当他第52次被一家银行老板拒绝之后，走出门外时，不经意间发现地上有枚大头针。他想，如果这大头针叫别人不小心踩上受了伤就不好了。于是，他就弯腰把它拾了起来。没想到，他的这个动作正好被刚刚将他拒之门外的银行老板看见了。老板认为，如此细心负责的人，很适合做银行工作。就这样，他又被录取了。这种于细微处见精神的行为，没有尽职尽责的习惯是难以想象的，企业领导都十分看重这点。正是这种于细微处体现出的责任感，才能帮助你成就大业。

注意生活中的细节，有助于责任感的养成。比如对于承诺的信守，这就是你的责任。一旦你做出什么承诺，你就必须承担履行这个承诺的责任。

美国前总统杜鲁门在评价格兰特时，曾经这样说道："责任到此，不能再推。"这是再恰当不过的评价。在格兰特之前的四位将军，不能说他们是不负责任的人。但是他们对责任的理解仅仅停留在这样的层次上：我为我能做到的负责。这里的潜台词是，如果我做不到，我就不为此负责。实际上这是一种更为隐蔽的借口。只要我认为我做不到，所以我就不必为此负责任：看上去多么堂而皇之的理由。所以当林肯以恳求的口气，要求他的将军们无论如何去打一仗，即使失败也要打上一仗时，他的将军们这样回答："对不起，总统先生，我们的装备很差，我们的士兵素质很低，所以我们不能马上开战。"

格兰特怎么做？没有正规军，格兰特自己训练民兵，组织去打仗。在被正式任命为陆军准将之后，格兰特马上决定攻打亨利要塞。他对他的上级哈勒克将军说："我觉得我有能力完成这个计划，我将为此在所不惜。"这是一种真正负责任的态度。"责任到此，不能再推"，作为一名军人，你的职责就是战斗，而不去战斗的军队，即使找到再有利的借口，也只是借口而已。

同样毕业于西点军校的麦克阿瑟将军曾是西点军校校长之一。《责任—荣誉—国家》是麦克阿瑟将军在西点军校发表的一篇激动人心的演讲，其中讲道："你们的任务就是坚定地、不可侵犯地赢得战争的胜利。你们的职业中只有这个生死攸关的献身。此外，什么也没有。其余的一切公共目的、公共计划、公共需求，无论大小，都可以寻找其他的办法去完成；而你们就是训练好参加战斗的，你们的职业就是战斗：决心取胜。在战争中明确地认识到就是为了胜利，这是代替不了的。假如你们失败了，国家就要遭到破坏，唯一缠住你们的公务就是责任—荣誉—国家。"

1918年9月，巴顿指挥美军的坦克兵参加圣米歇尔战役。9月6日凌晨2时30分，战役打响了；经过3个小时的炮火准备后，美军在浓雾的掩护下发起了冲击。浓雾虽然有利于坦克的隐蔽，但也挡住了巴顿的视线。于是，他带领5名军官和12名机械师向着炮弹爆炸的方向走去。巴顿在路上，遭到敌人炮火和机枪火力的封锁，他们隐蔽在铁路边的沟渠里。惊慌失措的步兵匆忙向后退，巴顿阻止了他们，集合了大约100个人。

敌人的炮火稍一减弱，巴顿马上指挥大家以散兵线沿山丘北面的斜坡往上冲。斜坡底下，坦克被两个大壕沟挡住了去路，必须填平壕沟，才能使坦克顺利通过。但敌人不断地向这里射击，士兵们不得不经常隐蔽起来，所以工作进度非常慢。

看到这种情况，巴顿立即解下皮带，拿起铁锹和锄头，亲自动手干了起来。敌人仍然不断向这边开火，突然一发子弹击中了他身边一个士兵的头部，但他不为所动，继续挖土。大伙被巴顿的勇气所鼓舞，齐心协力，很快就将壕沟填平了。5 辆坦克越过了壕沟，冲向山顶。

坦克从山顶上消失后，巴顿挥动着指挥棒，口中高声叫道："我们赶上去吧，谁跟我一起上？"分散在斜坡上的士兵全都站起来，跟随他往上冲。他们刚冲到山顶，一阵机枪子弹就像雨点般猛射过来。大伙立即都趴到地上，有几个人当场毙命。当时的情景真让人有些不寒而栗，大多数人都趴在地上一动也不敢动。望着倒在身边的尸体，巴顿大喊："该是另一个巴顿献身的时候了！"便带头向前冲去。

只有 6 个人跟着他一起往前冲，但很快，他们一个接一个地倒下去，巴顿身边只剩下传令兵安吉洛。安吉洛对巴顿说："就剩我们孤单单的两个人了。"巴顿回答说："无论如何也要前进！"他又向前跑去，但没走几步，一颗子弹击中他的左大腿，从他的直肠穿了出来，他摔倒在地，血流不止。

鉴于巴顿的杰出表现，他获得了"优异服务十字勋章"，以表彰他在战场上的勇敢表现和突出战绩。嘉奖令上写道："1918 年 9 月 26 日，在法国切平附近，他在指挥部队向埃尔山谷前进的过程中，表现出超乎寻常的责任感。尔后，他将一支瓦解了的步兵集合起来，率领他们跟在坦克后面，冒着机枪和大炮的密集火力前进，直到负伤。在他不能继续前进时，仍然坚持指挥部队作战，直到将一切指挥事宜移交完毕。"

责任到此，不能再推。一个人负责任的唯一方法就是去战斗。在这方面，像格兰特、巴顿这样的人是永远的典范。那些把责任挂在嘴边，只说不干的人，不是有责任感的人，也不是负责任的人。

在企业中，实际上每一位员工都了解自己的职责。如果让一个人阐述一下自己的岗位责任就可以获得双份薪水，我相信每一个人都会说得极其出色。但很少有人能做到。为什么？因为大多数人把"责任"理解为一种理念，而不知道责任就是执行，负责就是去执行，就是100%地完成任务。

在《环球时报》上曾经登载过一篇震撼人心的文章，大意是这样的：

巴西海顺远洋运输公司门前立着一块高5米宽2米的石头，上面密密麻麻地刻满葡萄牙语。以下就是石头上所刻的文字：

当巴西海顺远洋运输公司派出的救援船到达出事地点时，"环大西洋"号海轮消失了，21名船员不见了，海面上只有一个救生电台有节奏地发着求救的摩氏码。救援人员看着平静的大海发呆，谁也想不明白在这个海况极好的地方到底发生了什么导致这条最先进的船沉没。

其实原因很简单：台灯被理查德私买回来后，并没有人制止这件事，同事找他时，他又把台灯随手打开。负责安全巡视的人又漏掉了这个正在肇事的房间。实际上，由于底座太轻，开着的台灯在船只的颠簸中掉到了地上，在地毯上点燃了第一个火苗。然后，火苗慢慢爬上桌腿、桌布、床单……房间过热，电路烧断，出现跳闸，电工却对这个重大的危险信号习以为常，问也不问就随手把闸合上。因为房间里的消防探头被拆掉了，新的尚未安装，所以无法报警，火苗静悄悄地肆虐着。焦糊的气味传了出来，三管轮闻到了，就直接打电话给厨房，厨房觉得没问题，却没有一个人追究不良气味从何而来。下午，几乎所有人员都离开岗位，去了厨房；晚上，医生放弃了日常的巡检，就放弃了发现问题的一个机会，就连值班的电工也私自离岗！最后，当大火被发现，着火的房间已经被烧穿，水手区的门被锁死了，怎么也进不去，消防栓锈蚀打不开，无法灭火，闭门器和救生筏被牢牢绑住，无法逃生。而这些问题，船长在此前根本没有发现，因为他没有看甲板部和轮机部的安全检查报告。

于是，"环大西洋"号就这样沉没了！

这个灾难难道就不能避免吗？事实上，完全可以避免的啊！我们可以假设：如果台灯没有被买回来；如果回船后使用台灯被人制止；如果服务生不随手扭开它的开关；如果安全巡视亲自走进房间看看；如果电工在发现跳闸时检查一下电路，仔细找到跳闸的根源；如果机匠上午发现误报警后立刻安装上新的消防探头；如果发现气味不对的三管轮自己走走；如果厨房仔细检查一下；如果管事注意督促人们应该时刻坚守岗位；如果医生晚上照常巡诊，走上一圈；如果出事时电工不私自离岗；如果锈蚀的消防栓在出海之前就被更新，可以使用；如果闭门器及时修理，可以打开；如果救生筏没被绑住；如果船长认真审阅安全检查报告……哪怕只有一个人尽到了责任，那么这场灾难根本不会发生！

行文至此，你可能早已经发觉，其实这些船员的错误，在我们日常工作中似乎非常常见。那么，你是不是在无意中也犯了这样那样的小错？你是不是也生活在这艘沉船上呢？技术先进，海况良好，这艘大船表面上是那么地安全，但是只要看看船员的小错误，我们就会强烈地感觉到：它危机四伏！我们完全可以说，灾难迟早都要发生！

·魔律要点·

人必须对自己的一切负责。当人对自己采取负责任的态度时，就会向前看，看自己能做什么；人如果依赖心重，就会往后看，盯着过去发生的、已经无法改变的事实长吁短叹。事实上，对你负责的也只能是你自己。请时刻提醒自己："我对自己的一切言行、境遇和生活负完全的责任。"

晕轮定律：具有光环一样的魔力

因为喜欢，所以爱屋及乌。这种爱屋及乌的强烈知觉的品质或特点，就像月晕的光环一样，向周围弥漫、扩散，所以人们就形象地称这一心理效应为光环效应，即晕轮效应。和晕轮效应相反的是恶魔效应。即对人的某一品质，或对物品的某一特性有坏的印象，会使人对这个人的其他品质，或这一物品的其他特性的评价偏低。

晕轮效应影响了我们对很多事的看法，包括对公司员工的评判。人们普遍认为，能管理好人力资源的公司比管理不好的公司业绩表现会好很多。如果一个公司能够吸引人才，提供有助于他们创新、多产的工作环境，激励他们为大众谋福利，这样的公司业绩应该不错。但是你要小心晕轮效应。一不小心，我们难免会将任何一家公司的成功和失败都归因于其员工。

1983 年起，《财富》开始推出"美国最受赞赏的公司"的调查，当年的赢家就是 IBM，次年 IBM 再获殊荣。当记者问时任 IBM 公司 CEO 的约翰·奥佩尔（John Opel）IBM 的长处在哪里时，他将功劳记在了他的员工身上："从最根本看，是我们的员工成就了 IBM。秘密就在我们的员工。我们有幸和一群勤奋互助的人共事，他们认同本公司最基础的信条，并且在互相交往以及和公司外的人员打交道时都自觉遵守这一信条。我知道这话听起来有点陈腐，但是事实就是这样，除此之外再分析别的都没什么意思。"那么 IBM 寻找的是哪类人才呢？奥佩尔说："IBM 所有人都积极向上，乐于创新。我相信英雄惜英雄，我们找的就是和当下正努力建立 IBM 宏图伟业的员工们一样的人。"据他说，IBM 的员工不但了不起，而且一直在防范滋生自满的情绪。奥佩尔总结道："如果我们公司认为一名员工的言行中表现出了自满自大，那整个公司的形象都被抹黑了。今天的英雄可能明天就是乞丐。"

1984 年的时候，事情似乎就是这个样子，人们也觉得理所当然。每天奥佩尔上班时，周围都是聪明努力、热爱创新的人。人们认为 IBM 了不起的员工是它成功的原因也再自然不过了。也就在这几年间，IBM 没发现自己的主打产品微机和中大型主机的商品化趋势。20 世纪 80 年代后期，IBM 业绩迅速滑坡，到 1992 年，公司账面已经出现大额赤字。奥佩尔的接班人约翰·阿克斯（John Akers）也被撤换。

观察家们怎么说？当然是将矛头指向 IBM 的员工和企业文化。《华尔街日报》一位记者在他的书《蓝色巨人》中批判了 IBM 的"西装革履的企业文化，顽固的官僚主义"，还有它"骄傲自满的高层管理人员"。这一批在 1984 年还被大肆吹捧的人现在却成了众矢之的，被当作 IBM 业绩下滑的原因。是他们突然性情大变了？不太可能。那是奥佩尔一直都瞎了眼，这些人一直都不可一世、故步自封？看来也不然。当奥佩尔说他身边的人都工作努力、才能卓越时，他很认真、很诚恳。这批员工适合于 20 世纪六七十年代 IBM 的发展需求，但是当行业内部有所变革时，IBM 坐失良机，这些员工就成了被指责怪罪的对象。

名人效应是一种典型的晕轮效应。不难发现，拍广告片的多数是那些有名的歌星、影星，而很少见到那些名不见经传的小人物。因为明星推出的商品更容易得到大家的认同。一个作家一旦出名，以前压在箱子底的稿件全都不愁发表，所有著作都不愁销售，这都是晕轮效应的作用。

企业怎样才能让自己的产品为大众了解并接受？一条捷径就是让企业的形象或产品与名人相牵连，让名人为公司做宣传。这样，就能借助名人的"名气"帮助企业聚集更旺的人气；要让人们一想起公司的产品，就想到与之相连的名人。

现在，阿迪达斯的运动鞋几乎无人不知，无人不晓。但是，没有几个人会知道，这家德国的体育用品公司是怎样出名的。其实，它的闻名于世，全赖于很好地利用了奥运会这个资源。

阿迪达斯球鞋走向世界的契机是1936年的奥运会。这一年，公司创始人阿迪·达斯勒突发奇想，制作了一双带钉子的短跑运动鞋。怎样使这种样式特别的鞋卖个好价钱呢？为此阿迪颇费了一番脑筋。他听到一个消息：美国短跑名将欧文斯最有希望夺冠。于是，他把钉子鞋无偿地送给欧文斯试穿，结果不出所料，欧文斯在那届运动会上四次夺得金牌。当所有的新闻媒介、亿万观众争睹名星风采时，那双造型独特的运动鞋自然也特别引人注目。奥运会结束后，由阿迪独家经营的这种定名为"阿迪达斯"的新型运动鞋便开始畅销世界，成为短跑运动员的必备之物。以后，每逢有新产品问世，阿迪总要精心选择试穿的运动员和产品的推出时机。

1954年，世界杯足球赛在瑞士举行，年事已高的阿迪推出一个新品种：可以更换鞋底的足球鞋。决赛那天，体育场一片泥泞，匈牙利队员在场上跑得踉踉跄跄，而穿阿迪达斯的德国队球员却健步如飞，并首次登上世界冠军的宝座。阿迪达斯的新型运动鞋又一次引起轰动效应。马上，整个联邦德国乃至全世界的体育界，都成为阿迪达斯的商业舞台，产品几乎供不应求。

1970年，墨西哥世界杯足球赛开幕，人们惊异地发现联邦德国名将乌韦·

赛勒尔在绿茵场上驰骋如故。而在此之前，他腿部受伤的消息已传扬多时，许多人都在深深地为他惋惜。阿迪特意为他赶制了一双球鞋，使他得以重返球场。赛勒尔的这双鞋自然又一次成了赛场新闻从而传遍世界，阿迪达斯又身价倍增地和明星的名字联在一起。

在外人看来，阿迪达斯运动鞋似乎与冠军有着某种必然的联系，穿上它就意味着成功。其实，这种必然联系来源于阿迪多次对成功者的准确预测与选择。也就是说，只有把握好产品的推出时机，才能借名人声誉创出名牌产品，而这也成为了阿迪达斯得以成功的良策。

据说玛丽莲·梦露死后，有一位收藏家买到了一只梦露的鞋子。他把这只鞋子拿到市场上去展示，参观者如果想闻一下，须出 100 美元的高价。但愿意出钱去闻的人竟然络绎不绝，排起了一条长龙。

梦露的鞋子为什么有那么大的魅力呢？答案就是"晕轮效应"。

在政界，依靠继承父辈打下的江山而在竞选中顺利当选的人被称为"二世政治家"。在金融界也有向"二世"传授经营学的课程，就是如何培养自己的接班人。

此外，知名人士的评价或权威机关的数据，会使人们不由自主地产生信任感。人们迷信权威已经到了无以复加的地步，虽然觉得有些观点没有什么值得借鉴之处，或者有许多疑问，但只要是出自权威部门或权威人士，人们就会全盘接受。

推销员在发展会员时往往会说："著名演员某某也加入了我们的俱乐部。"虽然与实际情况并不相符，但是往往能奏效。

……

类似的晕轮效应的例子不胜枚举。

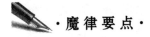

·魔律要点·

　　一个人的某种品质或一个物品的某种特性给人以非常好的印象，在这种印象的影响下，人们对这个人的其他品质或这个物品的其他特性也会给予较好的评价。

托利得定律：减少一个敌人，胜过增加一个朋友

　　林肯冲破重重阻碍当上美国总统之后，仍延用了一个能力很强的死对头担任部长之职。慕僚和随从们都十分不解。

　　"他是我们的敌人，应该消灭他!"大家愤怒地建议。

　　"把敌人变为朋友，"林肯解释说，"既消灭了一个敌人，又得到了一个朋友。"

　　从这里，我们可以看到，宽容者有着宽广的胸怀和巨大的智慧。

　　罗素曾评价维特根斯坦的一部新作论点荒谬，但依然豁达地同意将其出版。伏尔泰曾说，我反对你的观点，但我将誓死捍卫你言论的自由。

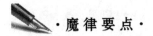

·魔律要点·

　　法国社会心理学家H.M.托利得提出：测验一个人的智力是否属于上乘，只看他脑子里能否同时容纳两种相反的思想而无碍于其处世行事就可。人非圣贤，孰

能无过？很多时候，我们都需要宽容。宽容不仅是给别人机会，更是为自己创造机会。同样，老板在面对下属的微小过失时，则应有所容忍和掩盖，这样做是为了保全他人的体面和企业利益。

蜕皮效应定律：不断的超越是成功的精髓

有个生活非常潦倒的销售员，每天都埋怨自己"怀才不遇"，命运在捉弄他。圣诞节前夕，家家户户张灯结彩，充满节日的热闹气氛。他坐在公园的一张椅子上，开始回顾往事。去年的今天，他孤单一人，以酗酒度过了圣诞节，没有新衣，也没有新鞋子，更甭谈新车子、新屋子了。

"唉！今年我又要穿着这双旧鞋子度过圣诞了！"说着准备脱掉穿着的旧鞋子。

这时候，他看见一个年轻人自己摇着轮椅走过，他立即醒悟："我有鞋子穿是多么幸福！他连穿鞋子的机会都没有啊！"

经过这次顿悟，这位推销员蜕掉了自己萎靡不振的一层皮，从此发奋图强，力争上游。不久，他就因为销售成绩提升显著而多次得到加薪。最后，他又开办了自己的销售公司，并最终成为了一名百万富翁。

面对挫折，面对沮丧，我们需要坚持。看不见光明、希望，却仍然孤独、坚韧地奋斗着，这才是成功者应具备的素质。只有这样，我们才能超越自己，成就自己。

爱迪生研究电灯时，工作难度出乎意料得大。1600 种材料被他制作成各种形状，用做灯丝，效果都不理想；要么寿命太短，要么成本太高，要么太脆弱，工人难以把它装进灯泡。全世界都在等待他的成果。半年后，人们失去耐心了，纽约《先驱报》说："爱迪生的失败现在已经完全证实，这个感情冲动的家伙从去年秋天就开始研究电灯，他以为这是一个完全新颖的问题，他自信已经获得别人没有想到的用电发光的办法。可是，纽约的著名电学家们都相信，爱迪生的路走错了。"但爱迪生不为所动，继续着自己的实验。英国皇家邮政部的电机师普利斯在公开演讲中质疑爱迪生，他认为把电流分到千家万户，还用电表来计量，是一种幻想。爱迪生继续摸索。当时，人们还在用煤气灯照明，煤气公司竭力说服人们：爱迪生是个吹牛不上税的大骗子。就连很多正统的科学家都认为他在想入非非，有人说："不管爱迪生有多少电灯，只要有一只寿命超过 20 分钟，我情愿付 100 美元，有多少买多少。"有人说："这样的灯，即使弄出来，我们也点不起。"这些风言风语并没使爱迪生动摇。在进行这项研究一年之后，他终于造出了能够持续照明 45 小时的电灯，完成了对自己的超越。

经过自己的坚持和努力，爱迪生不但促成了自己的蜕变，牢牢树立了自己在世人心目中伟大发明家的地位，而且促成了人类生活方式的一次大变革。正是因为有了他的这项发明，人类才真正进入了电气时代。

对自己或对工作不满的人，首先要把自己想象成理想中的自己，并且拥有极好的工作机会。再假定现在的自己和工作就和想象的一样，再采取行动。如果耐心地进行这种自我改造，就能发挥个性中本就具有的强大的精神，使自己和工作完全按照理想的样子发生改变，从而取得成功。

吉米和杰克是相邻两户人家的孩子，他们从小就一起长大。吉米很聪明，学什么东西都是一点就明白，他知道自己聪明，也就显得很骄傲。杰克呢，他的脑子比起吉米来是笨了一点儿，尽管他平时很努力，但成绩总是保持在中上游水平。对照着吉米，杰克经常感到自卑。杰克的母亲是位伟大的母亲，她总是鼓励儿子："杰克，不要总是用别人的成绩来衡量自己。比赛开始时，呼啸而过、跑在最前面的总是那些飞快奔驰的骏马，但经过长途跋涉后最终抵达目的地的，却往往是耐心与毅力化身的骆驼。"

吉米总是认为自己是个很聪明的人，可惜的是，他一生的表现却很一般，最后也没能成就任何一件大事。而老觉得自己很笨的杰克却能认识到自己的缺陷，努力弥补自己的不足，发挥自己的特长，从各个方面不断充实自己，一点点地超越着自我，最终成就了非凡的业绩。吉米为此心里很是不平衡，以至郁郁而终。他的灵魂飞到了天堂后，质问上帝："我的聪明才智远远超过杰克，我应该比他更有成就，应该是我成为这人间的卓越者啊，可是为什么是他呢？"上帝笑了笑说："可怜的吉米啊，难道你现在还不明白吗？我把每个人送到尘世间，每个人都有一个竹篓，竹篓里都放了同样的东西，包括聪明，只不过我把你的竹篓放在了你的胸前，你因为既能看到还能触摸到自己的聪明而沾沾自喜，没想到这却误了你的一生！而杰克的竹篓是背在背上的，他看不到自己的聪明，总是在仰头看着前方，所以，他一生都在不自觉地迈步向上、向前，不断地超越自我！"

一个人光有聪明是不够的，只有不断超越自我，才能真正成为一个大智慧者。

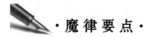 **·魔律要点·**

许多节肢动物和爬行动物在生长期间，旧的表皮脱落，由新长出的表皮来代替，通常每蜕皮一次就长大一些。能不断超越自己，你终能取得成功。每个人都有一定的安全区，你想超越自己目前的成就，就不要画地为牢。只有勇于接受挑战，充实自我，你才会超越自己，发展得比想象中更好。

卢维斯定律：谦虚不是把自己想得很糟

鹰王和鹰后从遥远的地方飞到远离人类的森林。它们打算在密林深处定居下来，于是就挑选了一棵又高又大、枝繁叶茂的橡树，开始在最高的一根树枝上筑巢，准备夏天在这儿孵养后代。

鼹鼠听到这个消息，大着胆子向鹰王提出警告："这棵橡树可不是安全的住所，它的根几乎烂光了，随时都有倒下的危险。你们最好不要在这儿筑巢。"

这真是咄咄怪事！老鹰还需要鼹鼠来提醒？这些躲在洞里的家伙，难道在否认老鹰的眼睛是锐利的吗？鼹鼠是什么东西，竟然跑出来干涉鸟大王的事情？

鹰王根本瞧不起鼹鼠的劝告，立刻动手筑巢，并且当天就把全家搬了进去。不久，鹰后孵出了一窝可爱的小家伙。

一天早晨，正当太阳升起来的时候，外出打猎的鹰王带着丰盛的早餐飞回家来。然而，那棵橡树已经倒了，他的鹰后和他的子女都已经摔死了。

看见眼前的情景，鹰王悲痛不已，他放声大哭道："我多么不幸啊！我把最好的忠告当成了耳边风，所以，命运就对我给予这样严厉的惩罚。我从来不曾料到，一只鼹鼠的警告竟会是这样准确，真是怪事！真是怪事！""轻视从下面来的忠告是愚蠢的，"谦恭的鼹鼠答道，"你想一想，我就在地底下打洞，和树根十分接近，树根是好是坏，有谁还会比我知道得更清楚呢？"

世界上很多名人都是谦虚的。

哈兹利特在一篇著名的文章中写道："莎士比亚是最谦虚的人。他本人并无出奇之处；但是他具备别人的一切优点，或者说他具备了别人可能具备的一切优点。"

莎士比亚自认为是芸芸众生中的一员，而且与他人毫无差别。在别人看来十分出奇的地方，他自己却认为并不出奇。他的各种天赋都是与生俱来的，但他似乎根本没有注意到这些。

从许多人身上表现出来的事实可以证明：一个人越伟大，他就越谦虚。就拿林肯来说吧，长期以来，人们一直在争论他是否信奉功载史册。我们现在知道，他并不是不想这样，而是因为他认为他所做的一切不值得载入史册，还不具备载入史册的资格！这才是真正的谦虚。

懂得谦虚是一个人成熟的表现。即使是圣人，在他专长的领域之外，也要保持谦虚的心态，把自己放在最低的位置。

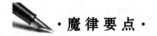

·魔律要点·

美国心理学家卢维斯说："谦虚不是把自己想得很糟，而是完全不想自己。"

我们虚怀若谷，就会看到自己的不足，也会得到他人的帮助。谦虚带给我们的不仅是人缘，还有不断进步的契机。

福克兰定律：停下脚步看看周围的世界

狼与北美驯鹿之间的竞赛已经延续了几千年。它们常常出生在同一个地方，随后又一起奔跑在世界上自然环境最恶劣的旷野上。然而，狼群的捕食效率实在是太低了，其失败率竟然高达90%。换句话说，狼群10次狩猎中只有1次是成功的。这一方面是由于驯鹿是旷野上跑得最快的动物，另一方面，狼所具有的攻击本性决定了它们对猎物的穷追不舍，与"长跑冠军"竞赛，其结果当然是驯鹿逃生的机会比较大。

当然，这并不是说狼的"穷追不舍"精神不可取，假如不是这样，它们或许连那10%的成功率也没有。可是，如果一个企业的管理者在学习狼的成功品质时，太注重于它们的"穷追不舍"，从而一味地"朝前跑"，不知道停下脚步看看周围的世界，那么等待他的，很可能也是一无所获，甚至血本无归。美国安然公司的管理者就是因一味"朝前跑"而使企业陷入了困境。

安然公司的前身是休斯敦天然气公司，该公司经营状况特别好，公司在得克萨斯州具有举足轻重的地位。但是1985年，其前任CEO肯·莱策划兼并了实力超过自己一筹的经营对手联合北方，组建了安然公司。这种"朝前看"的进攻战略为休斯敦天然气公司带来了新的发展契机，但也正是这种进攻战略毁了休斯敦天然气公司。新公司在走上新的发展道路的同时，也背上了沉重的债务包袱。

安然公司被这些债务压得喘不过气来，它一直试图转让部分股权以削减债务，但并没有取得成功。内忧外患之际，公司又发挥狼性战略的威力：采取著名的杠杆式扩张办法进行扩张，这才解决了资金短缺的危机，安然公司也因此走上了急剧扩张的道路。扩张所带来的表面效益掩盖了安然的债务问题。到1992年，随着安然跃升为跨国公司，人们似乎已经淡忘了它的债务问题。那一年，安然的市场延伸到了欧洲、南美和俄罗斯，之后又进入了印度和中国市场。而且，公司不仅干自己的老本行：天然气，还将业务扩展到了发电、管道以及其他众多领域，开始了它急剧膨胀的发迹史。

安然公司每取得一次胜利，进攻性就更加高涨，于是进攻的脚步不停地向前迈去。然而，接下来的一系列扩张活动并没有像安然声称的那样为公司带来回报。安然公司先后在国外投下了75亿美元，但取得的回报实在微不足道。其中，两个最典型的商业败笔就是：印度的达博尔电站项目和英国的埃瑟里克斯水处理项目。

安然在达博尔项目上的投资从一开始就蒙上了阴影。项目还没有上马，就遇到了麻烦：世界银行认定其在经济上不可行而拒绝为之提供贷款，结果安然公司自己投入了12亿美元。后来因印度国内政党更迭，工程再次受阻，经过一年多的谈判，才得以恢复。然而，好不容易等到第一台740兆瓦的机组并网发电时，唯一的用户马哈拉特拉邦电力委员会又嫌其收费太高而拒绝支付电费。这一纠纷迟迟没能解决。2001年，安然公司只得停止了电站的运行。基于同样的原因，第二台1444兆瓦机组，也于2001年6月停工，而当时已完成了工程总量的90%。

与达博尔比起来，安然在埃瑟里克斯项目上的损失更为惨重。公司于1998年投入28亿美元巨资，买下了英国埃瑟里克斯水处理公司，准备以该公司作为平台，经营水处理业务，并将项目命名为埃瑟里克斯。可是，由于经验不足，项目于 1999 年 6 月步入市场后，在投标竞争中屡屡败给老道的对手。安然公司不得不出高价，与他们抢生意。这样得到的订单肯定赔钱不说，更为糟糕的是，英国政府恰在此时降低了水价，从而影响了公司的主营收入，这使得公司的股价急剧下跌了 40%。安然公司当年三季度公布的 10.1 亿美元亏损中，埃瑟里克斯项目就占其中相当一部分份额。

安然这种不断进取的冲动，不仅表现在海外，在美国国内表现也很突出，宽带网项目就是一个例子。安然于 1997 年并购了一家小型光缆公司：波特兰通用电气。随即，宣布将在全国建设自己的宽带网，为客户提供网络服务。虽然公司不指望宽带网项目很快就能赚钱，但它相信这一领域的发展潜力巨大，认为其有朝一日将与天然气一样，成为公司的支柱产业。公司为此投入 10 亿美元，建造了 18000 英里光纤网络，并购置了大量的服务器和路由器。但事实证明，宽带接入服务当时还不足以带来利润，安然公司为此白白耗费掉了十多亿美元。

一直以来，安然公司都自豪地称自己的主业为"赚钱机器"。然而，随着安然公司在扩张道路上的屡屡失手，越来越多的迹象表明，安然公司可能人为夸大了长期供电合同中的电价，虚报了营业收入。

著名的全球权威调查机构纽约基尼克斯联合基金曾经宣布，他们在 2000 年对能源商进行的一项调查中发现：安然公司的投资回报率明显偏低，即使在该公司如日中天的时候，其投资回报率也只有 6%，而同类公司的回报率通常是这个数字的 3 倍。

企业经营的成败自有规律可循。安然经营的失败也绝非偶然，而是与美国的整体经济发展状况以及安然自己的经营策略有密切关系的。美国经济在 20 世纪 90 年代中后期增长迅速，股市扶摇直上，许多跟安然一样的科技公司一路腾飞，这使不少企业家忽视了企业正常发展的规律，都想一下子成为富可敌国的业界霸王，从而展开了一轮又一轮的扩张。但谁也没想到巨大的科技泡沫破灭了，一时间，不仅中小型公司倒了一大片，就连名闻遐迩的巨型公司也一个个被接连扳倒。安然在 15 年之内成为雄踞世界的第一大能源交易商，而两个月内就创下了美国历史上最大的破产案。实际上，正是追求暴利使安然公司成为了科技泡沫的牺牲品。

另一方面，安然公司的内部管理滞后也成为其衰落的一大因素。安然公司奖励业绩的办法颇让人费解。经理人员完成一笔交易的时候，公司不是按其带来的实际收入而是按预测的业绩来进行奖罚。就是说，如果在签署协议时，预计项目能为公司带来 30%的回报，就按照这一数字给负责人发奖金。这样一来，经理人员常常在项目计划上做手脚，让它们看上去有利可图，然后迅速签署协议，拿到分红。至于日后赚不赚钱，根本不关他的事。

由此可见，安然问题的存在由来已久。遗憾的是，这并没有引起安然高层管理者的警觉。对此，安然前任 CEO 肯·莱一语道破天机：因为安然总是喋喋不休地谈论"新的热点"，不断抛出一些新的东西来吊投资者的胃口，引诱他们"朝前跑"。安然一味"朝前跑"的诱导策略最终将自己带入了泥潭。

安然的前进轨迹，就像一匹有勇无谋的狼在追赶猎物，虽然懂得进攻，却不知留意脚下和四周的路况，不知提防可能会把它绊倒的石头。在追求发展的道路上，安然只顾朝前看而不知道停下来看看自己的配套环节，如机制管理、产品质量等的壮大。

因此，作为一个领导者，一定要先保证企业同步发展，再顺应市场发展规律，"向前"才有可能成功，否则虽然看似一直处于攻势，实际上却是一种匹夫之勇。

·魔律要点·

法国管理学家 D.L.福克兰针对企业管理者提出：没有必要作出决定时，就有必要不作决定。

王安定律：犹豫是成功最大的障碍

现代社会是一个信息社会，信息传播的速度大大地提高了。信息的快速传递缩短了空间距离，把世界各地的市场信息紧紧地联系在了一起。信息就是机会，就是财富。但是，信息所提供的机会稍纵即逝，谁能快速把握，谁就能把握市场供需，谁就能获得财富，也就能成为时代的佼佼者。选择了在机会面前果敢决策，你就选择了成功。

有"华尔街的神经中枢"之称的摩根能成为美国 19 世纪 70 年代至 20 世纪叱咤风云的大金融家，成为国际金融界"领导中的领导者"，完全有赖于年轻时的两次冒险投资为他打下的坚实基础。他这种果断的个性，是由勇敢、大胆、坚定和顽强等多种意志素质综合形成的。

平时注意养成干脆利落、斩钉截铁的行为习惯，有助于培育果断的个性。无论什么事情，不行就是不行，要做就坚定地做。生活中不少事情确实既可以这样又可以那样，遇上这样的小事，就不必考虑再三，大可当机立断。否则，连日常的生活琐事也拖泥带水，你又怎么能够培养出果断的性格来呢？

一匹毛驴幸运地得到了两堆草料。然而，幸运却毁了这可怜的家伙，它站在两堆草料中间，犹豫着不知先吃哪一堆才好。就这样，守着近在嘴边的食物，这匹毛驴竟活活饿死了。

面对突然变故，有些人手足无措，而一些伟大的人物，此时仍然镇定自若，他们都是一些果敢决策的高手，审时度势后，该出手时就出手。那些狐疑寡断者不敢决定各种事情，因为他们不知道这决定的结果究竟是好是坏，是吉是凶。有些人本领不差，人品也好，但因为优柔寡断，他们的一生就与各种机遇错过了。

分析他们该出手时犹豫不决的原因，根本的一点，就是怕犯错；而怕犯错，又是一个人易犯的大错。犹豫不决是避免责任与犯错的一种"方法"，它有一个谬误的前提：不作决定，不会犯错。

在很多情况下，当一种趋势出现时，有些人一个劲儿地陷入哪个好哪个坏的争论之中。事实上，没有这个必要，只要没有明确的二者择一的必要，就不必太早决策。利与弊往往是事情的一体两面，很难分割。有的人明明事先已经制定了能有效抵御风险的决策纪律，但是一旦现实中的风险牵涉到自己的切身利益时，往往就不容易下决心执行了。很多股民在处于有利时机时，会因为赚多赚少的问题而犹豫不决；在处于不利时机时，虽然有事先制定好的止损计划和止损标准，可常常因为犹豫最终使自己被套牢。

 **·魔律要点·**

美籍华裔企业家王安博士提出：犹豫不决固然可以降低一些做错事的机率，但也失去了成功的机遇。

Part 4
万变世界绝对不变的财富魔律

财富的定律就是这么简单:你不理财,财不
理你,理财要趁早。经营财富是一种智慧,是
一场与时间的赛跑。

储蓄定律：留 10%储蓄明天

每月至少存入 1/10 的钱，久而久之可以累积成一笔可观的资产。

有这样一个心理实验。在讲台上，老师拿出了一叠钞票对学生说："我这里有 100 元和 100 万元，如果你愿意要 100 元，我现在就可以给你；如果你想要 100 万，我 20 年以后给你。"结果显示，90%的人都宁愿要 100 元。难道人们不愿意成为百万富翁吗？当然不是，而是人们对于 20 年之后的 100 万没有信任感。投资也是一样，很多人对于很长时间后的东西缺乏信任感。因此，花时间去落实一个安全可靠的投资平台，是所有长期投资可以开展的先决条件。害怕麻烦，没有在这个课题上下功夫的人，将无可避免地要在未来遇到更多的麻烦。

根据巴比伦出土的陶砖记载，巴比伦最有钱的人叫做阿卡德。很多人羡慕他的富有，因此向他请教致富之道。

阿卡德原来担任雕刻陶砖的工作。有一天，有一位有钱人欧格尼斯向他订购一块刻有法律条文的陶砖。阿卡德说，他愿意整夜雕刻，到天亮时就可以完成，但是唯一的条件是欧格尼斯要告诉他致富的秘诀。欧格尼斯同意了这个条件，因此到天亮时，阿卡德完成了陶砖的雕刻工作，欧格尼斯也实践了他的诺言。他告诉阿卡德致富的秘诀是：你赚的钱中有一部分要存下来。

财富就像树一样，从一粒微小的种子开始成长。第一笔存下来的钱，就是你财富成长的种子。不管赚的多少，你一定要存下 1/10。

一个富人有一位穷亲戚，他觉得自己这位穷亲戚很可怜，就发了善心想帮他致富。富人告诉穷亲戚："我送你一头牛，你好好地开荒，春天到了，我再送你一些种子，你撒上种子，秋天你就可以获得丰收，远离贫穷了。"

穷亲戚满怀希望地开始开荒。可是没过几天，牛要吃草，人要吃饭，日子反而过得比以前更难过了。穷亲戚就想，不如把牛卖了，买几只羊。先杀一只，剩下的还可以生小羊；小羊长大后拿去卖，可以赚更多的钱。

他的计划付诸实施了。可是当他吃完一只羊的时候，小羊还没有生下来，日子又开始艰难了，他忍不住又吃了一只。他想这样下去不行，不如把羊卖了换成鸡。鸡生蛋的速度要快一点，鸡蛋可以马上卖钱，日子就可以好转了。

他的计划又付诸实施了。可是穷日子还是没有改变，反而日渐艰难。他忍不住又杀鸡了。最后，终于杀到只剩下一只的时候，他的理想彻底破灭了。他想致富算是无望了，还不如把鸡卖了，打一壶酒，三杯下肚，万事不愁。

春天来了，富人兴致勃勃地给穷亲戚送来了种子。他发现，这位穷亲戚正就着咸菜喝酒呢！牛早就没了，房子里依然是家徒四壁，他依然是一贫如洗。

理财就是要树立一种积极的、乐观的、着眼于未来的生活态度和思维方式。对没有储蓄习惯的人来讲，他们就像这个故事中的穷亲戚一样，吃干花净，今朝有酒今朝醉，哪管明天喝凉水。这种生活态度和思维方式，是理财的大忌。

很多陷入困境的人都有过梦想，甚至有过机遇，有过行动，但要坚持到底却很难。一位非常有名的富人曾经说过：没钱时，不管怎么困难，也不要动用积蓄，要养成好的习惯；压力越大，越会让你找到赚钱的机会。

收入是河流，财富是水库，花出去的钱是流出去的水；家中的水库是最初的财富，一定是攒出来的。

有一个人非常富有，有很多人向他询问致富的方法。这位富翁就问他们："如果你有一个篮子，每天早上往篮子里放 10 个鸡蛋，当天吃掉 9 个鸡蛋，最后会如何呢?"

这些人总是回答说:"迟早有一天篮子会被装得满满的,因为我们每天放在篮子里的鸡蛋比吃掉的要多一个。"

富翁笑着说道:"致富的首要原则就是在你的钱包里放进 10 个硬币,最多只能用掉 9 个。"

这个故事说明了理财中一个非常重要的法则,我们称之为"九一"法则。当你收入 10 块钱的时候,你最多只能花掉 9 块钱,将那一块钱"攒"在钱包里。无论何时何地,永不破例。哪怕你只收入一块钱,也要把 10%存起来,这是理财的首要法则。你千万别小看这一法则,它可以使你家的水库由没水变为有水,从水少变成水多。

上天赐予我们的物产是有限的。如果我们放手去用,肯定会有耗尽的一天。预算是一张蓝图、一个经过计划的方法,可以帮助你从你的收入中得到更大的好处。

以前,有一个年轻人到印刷厂里去学技术。其实,他的家庭经济状况很好,他父亲要求他每晚住在自己家里,但要他每月付给家里一笔住宿费。一开始,那个年轻人觉得这样太苛刻了,因为他当时每月的收入刚够支付这笔住宿费。但是,几年之后当这个年轻人自己准备开设印刷厂时,他的父亲把儿子叫到跟前,对他说:"好孩子,现在你可以把每年陆续付给家里的住宿费拿去了。我这样做的目的,是为了能够让你积蓄这笔钱,并非真的向你要住宿费。好了,现在你可以拿这笔钱去发展你的事业了。"

年轻人到这时才明白父亲的一番苦心,对父亲的贤明感激不尽。如今,那个年轻人已经成了美国一家著名印刷厂的老板,而他当年的同伴们却因挥霍无度,如今仍然穷苦不堪。

有人曾测算过,依照世界的标准利率来算,如果一个人每天储蓄 1 美元,

88年后可以得到100万美元。这88年时间虽然长了一点，但每天储蓄两美元，在实行了10年、20年后，很容易就可以达到10万美元。一旦这种有耐心的积蓄得到利用，就可以得到许多意想不到的赚钱机会。

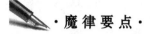 **·魔律要点·**

金钱会慢慢流向那些愿意储蓄的人。即使你才刚开始工作，为了还学费贷款而感到一个头两个大，你还是必须从现在就开始存钱，你必须从现在开始理财投资。也不用贪心，存你收入的10%就好。如果你真的有困难，能存多少算多少。一旦你习惯了存钱，你就会发现原来存钱并不难。只要你觉得存钱很轻松，你就会存得更好、更多、更久。这样的结果是什么呢？你将坐拥一笔自动累积而成的财富。

运用定律：每节约一分钱，就会使利润增加一分

著名的船商、银行家出身的斯图亚特曾经有一句名言，他说："在经营中，每节约一分钱，就会使利润增加一分，节约与利润是成正比的。"

斯图亚特努力提高旧船的操作等级以取得更高的租金，并降低燃油和人员的费用。

也许是银行家出身的缘故，他对于控制成本和费用开支特别重视。他一直坚持不让他的船长耗费公司一分钱，他也不允许从事管理技术工作的负责人直接向船坞支付修理费用，原因是"他们没有钱财意识"。因此，水手们称

他是一个"十分讨厌、吝啬的人"。

直到他建立了庞大的商业王国，他的这种节约习惯仍保留着。

一位在他身边服务多年的高级职员曾经回忆说："在我为他服务的日子里，他交给我的办事指示都用手写的条子传达。他用来写这些条子的白纸，都是纸质粗劣的信纸，而且写一张一行的窄条子，他会把写好字的纸撕成一张张条子送出去。这样的话，一张信纸大小的白纸也可以写三四条'最高指示'。"只用一张白纸的五分之一，而不把其余部分浪费，这就是他"能省则省"的原则。

无论生意做多大，要想取得更大的利润，节约每一分钱，实行最低成本原则仍然是非常必要的。要知道，节约一分钱就等于赚了一分钱。节约每一分钱，把钱用在刀刃上，这应该是理财的基本要求。

从微软创业时起，比尔·盖茨就非常注重节俭。一次，兼任微软总裁的魏兰德将自己的办公室装饰得非常气派，比尔·盖茨看到后非常生气，认为魏兰德把钱花在这上面是完全没有必要的。他对魏兰德说，微软还处在创业时期，如果形成这种浪费的风气，不利于微软的进一步发展。

即使在微软开始成为业界营业额最高的公司时，比尔·盖茨的这种作风也没有改变过。1987年，还是在比尔·盖茨与温布莱德在一起的时候。一次，他们在一家饭店约会，助理为他在该饭店订了间非常豪华的房间。比尔·盖茨一进门便发呆了，一间大卧室、两间休息室、一间厨房，还有一间特大的、用于接见客人的会客厅。比尔·盖茨简直气蒙了，禁不住骂道："是哪个家伙干的好事?"

有一次，比尔·盖茨去演讲，他下飞机后就让随从去下榻的宾馆订了一个价格便宜的标准间。很多人得知此事后，都大惑不解。在比尔·盖茨的演讲会上，有人当面向他提出了这个问题："您已是世界上最有钱的人了，为什么要订标准间呢? 为什么不住总统套房呢?"

比尔·盖茨回答说："虽然我明天才离开，今天还要在宾馆里过夜，但我的约会已经排满了，真正能在宾馆的这间房间里所待的时间可能只有两个小时，我又何必浪费钱去订总统套房呢？"

比尔·盖茨一年四季都很忙，有时一个星期要到四五个国家召开十几次会议。每次坐飞机，他通常都坐经济舱，没有特殊情况，他是绝不会坐头等舱的。

有一次，美国凤凰城举办电脑展示会，比尔·盖茨应邀出席。主办方事先给他订了张头等舱的机票，比尔·盖茨知道后，没有同意他们的做法，最后硬是换成了经济舱。

生活中，比尔·盖茨也从不用钱来摆阔。一次，他与一位朋友前往希尔顿饭店开会。那次，他们迟到了几分钟，所以没有停车位可以容纳他们的汽车。于是，他的朋友建议将车停放在饭店的贵客车位。比尔·盖茨不同意，他的朋友说："钱可以由我来付。"比尔·盖茨还是不同意，原因非常简单，贵客车位需要多付 12 美元，比尔·盖茨认为那是超值收费。比尔·盖茨在生活中遵循他的那句话："花钱如炒菜一样，要恰到好处。盐少了，菜就会淡而无味；盐多了，菜就会苦咸难咽。"

是比尔·盖茨小气、吝啬到已成为守财奴的地步了吗？当然不是。事实上，比尔·盖茨并不是那种吝啬的守财奴：比如，微软员工的收入都相当高；而且，他还为公益和慈善事业一次次捐出大笔善款。他还表示，要在自己的有生之年把 95%的财产捐出去……看来，这位世界首富跟那种"一掷万金、摆谱显阔"的富翁迥然有异。

真正节俭的人，是有能力讲究奢侈、豪华，但是，从内心里并不愿意这样做的人，他们才是具有节俭美德的。节约体现的不仅是一种美德，更是一种成熟与理性的生活方式。

《财富》杂志 2003 年度世界财富排名 500 强"龙虎榜"，美国知名品牌的大公司沃尔玛，以总资产 2950 多亿美元的不凡业绩，连续三年蝉联榜首。沃尔玛的成功，离不开它的严格管理，离不开"俭"；沃尔玛的知名，也源于它的高效益和出手的"阔"。

沃尔玛的"俭"的确是从一张纸做起的。如果你没有复印纸，想找秘书要，对方一定是轻描淡写的一句："地上盒子里有纸，裁一下就行了。"如果你再强调要打印纸，对方一定会回答："我们从来没有专门用来复印的纸，用的都是废报告的背面。"据报道，"2001年沃尔玛中国年会"，与会的来自全国各地的经理级以上代表所住的，不过是能够洗澡的普通招待所。

沃尔玛的节俭不只是针对员工。企业老总坚持率先垂范。沃尔玛的创始人山姆尽管是亿万富翁，但他节俭的习惯从未改变。没购置过一所豪宅，经常开着自己的旧货车进出小镇，每次理发都只花5美元——当地理发的最低价，外出时经常和别人同住一个房间。

沃尔玛的办公室都十分简陋，而且空间狭小，即使是城市总部的办公室也是如此。除了办公设施简陋外，沃尔玛还有一个很重要的措施，就是一旦商场进入销售旺季，从经理开始所有的管理人员全都要到销售一线；他们担当搬运工、安装工、营业员和收银员等角色，以节省人力成本。这样的场景只会发生在一些小型公司里，而且这种行为常常被人视为"不正规管理模式"，但在沃尔玛这样的大集团中却司空见惯。

沃尔玛人也有"阔气"的时候。摆"阔"主要体现在兴办公益事业上。山姆·沃尔顿不仅在全国范围内设立了多项奖学金，而且这个"小气鬼"还向美国的五所大学捐出数亿美元。

许多人都知道"吝啬"可以创造财富，但是很少有人能像沃尔玛、丰田那样一以贯之，并且让"吝啬"成为公司的一种经营理念。在创富的道路上，我们听到过许多种理念，每一个理念都有大量的理论支持。但是丰田、沃尔玛却用家庭式的节俭之道创造了巨大的财富。

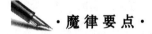

·**魔 律 要 点**·

金钱愿意为懂得运用它的人工作。理财应开源与节流并重。会理财的人用钱的原则就是这样，只把钱用到该用的地方；他们认为不该用的地方，是一分钱也不会花出去的。要懂得节约一分钱等于赚一分钱的道理。听取专业的意见，将金钱放在稳当的生利投资上，让钱滚钱、利滚利，这样将会源源不断地创造财富。

管理定律：理财方式决定你的"前途"

什么叫理财？理财就是对个人、家庭财富，进行科学、有计划和系统的管理和安排。简单地说，就是关于投资赚钱、花钱和省钱的学问。

有一个叫"杯子哲理"的故事：固执人、马大哈、懒惰者和机灵鬼四个人，结伴出游，结果在沙漠中迷了路。这时，他们身上带的水已经喝光。正当四人面临死亡威胁的时候，上帝给了他们四个杯子，并为他们带来了一场雨。但这四个杯子中，有一个是没有底儿的，有两个盛了半杯脏水。只有一个杯子，是拿来就能用的。

固执人得到的，是那个拿来就能用的好杯子。但他当时已经绝望至极。固执人认为，即使喝了水，他们也走不出沙漠。所以下雨的时候，他干脆把杯子口朝下，拒绝接水。

马大哈得到的，是没有底儿的坏杯子。由于他做事太马虎，根本就没有发现自己杯子的缺陷。结果，下雨的时候，杯子成了漏斗。最终一滴水也没有接到。

懒惰者拿到的是一个盛有脏水的杯子，但他懒得将脏水倒掉，下雨时继续用它接水，虽然很快接满了，可他把这杯被污染的水喝下后却得了急症，不久便不治而亡。

机灵鬼得到的也是一个盛有脏水的杯子，他首先将脏水倒掉，重新接了一杯干净的雨水。最后，只有他平安地走出了沙漠。

这个故事，不但蕴涵着"性格和智慧决定生存"的哲理。同时，也与当前人们的投资理财方式和观念，有着惊人的相似之处。

当今，中国已经进入个人理财时代。拒绝贫穷，做个有钱人，成为大众理财的最大追求。但是受传统观念的影响，许多人就和故事中的"固执人"一样，认准了银行储蓄这一条路，拒绝接受各种新的理财方式，致使自己的理财收益，难以抵御物价上涨，造成了家财的贬值。

有的人，就和故事中的"马大哈"一样，只知道不停地赚钱，却忽视了对财富的科学管理，最终因不当炒股、民间借贷等投资失误，导致了家财的缩水，甚至血本无归，成了前面挣、后面丢的"漏斗式"理财。

有的人，则和故事中的"懒惰者"一样，虽然注重新收入的管理，但对原有的不良理财方式，却懒得重新调整；或者存有侥幸心理，潜在风险没有得到排除。结果，因原有的不当理财方式，影响了整体的理财收益。

但是，也有许多投资者和故事中的"机灵鬼"一样，他们注重把家庭中有风险、收益低的投资项目进行整理。也就是先把脏水倒掉，然后把杯子口朝上，积极接受新的理财方式，从而取得了较好的理财效果。

夫妻之间，谁来理财，谁付账单，夫妻是共同账户还是各自分开，会不会有人藏私房钱，都可能是夫妻反目的导火线。

32岁的林和是位医生，虽然她并不认为爱情和金钱成正比，也不赞成一切都向钱看，但是，贫困是非常可怕的。在它面前，任何爱情都会被磨损，夜以继日的贫穷的压力，会毁灭爱情。今天需要筹集孩子的学费，明天房东因为欠租前来逼迁，别人在下班后参加各种学习班充电以图发展，自己却无钱去充。就连孩子的教育都无力投入更多，为生计让孩子退学的事屡见不鲜。更可怕的是，一旦疾病缠身，这个家更是连一点点抵抗能力都没有，药用不起，手术做不起，住院住不起。严重哮喘的病人舍不得吸氧，稍能喘上口气就求医生为他停氧；肝腹水病人挺着满是水的大肚子要求出院回家等死。在她多年的行医生涯中，这种事太多，深深令她感受到贫穷的可怕和贫穷所带来的压力。在这种情况下，夫妻开始埋怨，怨怼，互相鄙弃，互相伤害，互相厌憎。有多少深情能经得起清贫的折磨？

生活中，大大小小的开销都需要用到钱。用谁的钱？怎么用钱？钱怎么用？很多人可能会说，"唉！一谈到钱就会伤感情"。于是，尽量避免去谈这个问题。可是不去想解决的办法而只是一味地逃避，问题并不会消失，反而还会随时间的推移而愈滚愈大。解决的第一步，即是夫妇达成理财共识。

在日常理财过程中，经常有人会抱怨：自己工资挺高的，怎么一到要买房、买车的时候，就发现自己根本没什么余钱；挣得很多，其实却是个"穷人"，这可能代表了许多人的共同想法。相反，有些人，工资并不是很高，也没有多少其他收入，可是看起来却好像很有钱的样子。因为一遇到需要一大笔钱办事情的时候，他们总能从容不迫地拿出来，给人一种挣得不多却是个"富人"的印象。普通人是这样，一些挣钱很多但最终却破产的"名人"更是不在少数。有的人挣得多，却剩得少，甚至破产；而有的人挣得少，却余得多。为什么会出现两种截然不同的结果呢？《有钱人想的和你不一样》一书给出了明确的答案："富人善于管理他们的金钱，穷人则不会管理他们的金钱。"

有些人之所以富有，原因很简单：他们只是有不同的、更积极的理财习惯。"财务成功与失败之间，最大的区别是，你管理金钱的好坏。这很简单：要掌控金钱，你就必须管理它。"有些人之所以拮据，是因为他们要么不好好管理他们的钱，要么回避金钱的主题。很多人不喜欢管理他们的金钱，因为首先，他们说那样限制了他们的自由；其次，他们说自己没有足够的钱可以用来管理"。对于有些人不喜欢管理金钱的两个理由，作者进行了分析，或者说是"驳斥"。因为在他看来，这只是"借口"。"对于第一个借口，管理金钱并不会限制你的自由，相反，它会带来自由。管理金钱最终让你创造财务自由，你从此不必再工作。对我来说，那是真正的自由。""对于那些使用'没有足够的钱可以用来管理'借口的人，他们看错了望远镜的方向。不是说'当我有很多钱时，我就开始管理'，现实是'当我开始管理时，我就有很多钱'。"

·魔律要点·

金钱会从那些不懂得管理的人身边溜走。不管你有多少钱，现在就开始管理，不要等明天，今天就开始。就算你只有一块钱，都要管理它，拿出10元放进你的财务自由罐里，再拿出10元放进你的玩乐钱罐里。仅仅是这个动作，就会传递出一个信息：你在为更多的钱做准备。

对于拥有金钱而不善于管理的人，一眼望去，四处都有投资获利的机会，事实上却处处隐藏着陷阱。由于错误的判断，他们常会损失金钱。当你学会掌管自己的财务时，你生活的各个方面都将改善。

投资定律：多一个篮子少一分风险

有一个扒手在失手被缚后，警察好奇地问他："一般人应如何防止扒手带来的损失？"扒手答道："不要把你所有的钱都放在一个口袋里。"

某年，美国有一家银行因为违规营业以及财务上的问题，被联邦政府勒令关闭。该银行被接管后，马上通知所有的存款人前往提款。因为美国的银行有10万元的存款保障，也就是说，银行倒闭时客户的存款若在10万元以内，都不会受到损失。

可是，偏偏有许多人，尤其是在美华人的存款往往超过10万元，有的甚至高达百万美元。结果是如此地不幸，毕生积蓄就这么化为乌有，损失实在惨重。

有些保守的人，把钱都放在银行里生利息，认为这种做法最安全且没有风险。也有些人买黄金、珠宝寄存在保险柜里以防不测。这两种人都是以绝对安全、有保障为第一标准，走极端保守的理财路线，或是说完全没有理财观念；也有些人对某种单一的投资工具有偏好，如房地产或股票，遂将所有资金投入其中，孤注一掷，急于求成；但从市面有好有坏、波动无常来说，仅凭一种投资工具，风险未免太大。

20世纪50年代，西方经济学家马科雅茨发明了组合理论，到80年代逐渐被广泛使用。由此，他也获得了1990年诺贝尔经济学奖。这种理论要解决的问题是：在投资时，怎样在追求高收益的同时，把风险降到最低限度。比如，我们置身于一个小岛上，岛上只有两种产业：一种是大型度假休闲事业（有海滩、网球场等）；一种是雨伞制造业。天气情况决定这两种产业的不同收益，它们受天气的影响不同，命运完全是负相关：一家好，另一家必定不好。因此你若有2万元资金都投向一个产业，就无法消除风险了。同理，人们在选择投资方式时，既要多样化，又要善于比较利弊，最好把钱分别投到负相关的渠道或企业，不应都投向正相关的渠道或企业。

目前，约有八成的人仍选择银行存款的理财方式，这一方面说明大众仍以保守者为多；另一方面也显示，不管环境如何变化，投资组合中最保险的投资工具仍要占一定比例。我们认为，不要把所有资金都投入高风险的投资工具中。"投资组合"乃是将资金分散至各种投资项目中，而非在同一种投资"篮子"中作组合，有些人在股票里玩组合，或是把各种共同基金组合搭配，仍然是"把所有鸡蛋放在同一个篮子里"的做法，依旧是不智之举。

许多理财专家都认为，一生理财规划应趁早进行，以免年轻时任由"钱财放水流"，老来嗟叹空悲切。不管选择哪种投资方式，上述几种人都犯了理财上的大忌：急于求成。"把鸡蛋都放在一个篮子里"，缺乏分散风险观念。

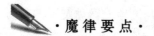 **·魔律要点·**

投资界有一句至理名言："不要把所有鸡蛋放在一个篮子里"。说的是投资需要分解风险，以免孤注一掷，失败之后造成巨大的损失。

理财中投资与风险始终是一对孪生兄弟，我们在享受理财收益的同时，必然要承担由此产生的风险。我们在理财时往往会陷入投资的误区，误区之一是只求收益而忽视风险，误区之二是只看风险而不做投资。

为了在投资中胜出，就必须观察金钱的脉动和流向，然后在"钱"可能集聚的地方，撒下天罗地网，耐心地执行潜伏的任务。

欲望定律：把箭对准月亮，就可能射中老鹰

在现实生活中，"欲望"以及"企图心"两个词语，似乎成了为人所不齿的贬义词。其词义和中国传统文化所弘扬的无私、奉献、舍己为人、不求回报等是相违背的。

其实，大多数人的这种看法是有失公允的。从另外一种意义上来说，"欲望"更是成功的保障。一个没有欲望的人，他的精神品质或许是值得尊敬的，是高尚的、伟大的。但要获得真正意义上的巨大成功，没有企图，没有谋略，会导致盲目；没有目标，没有计划，不讲回报，又何来前进和拼搏的动力？

巴拉昂是一位年轻的媒体大亨，以推销装饰肖像画起家。在不到 10 年的时间里，迅速跻身于法国 50 大富翁之列，1998 年因前列腺癌去世。临终前，他留下遗嘱，把他的 4.6 亿法郎的股份捐献给博比尼医院，用于前列腺癌的研究；另有 100 万法郎作为奖金，奖给揭开贫穷之谜的人。

巴拉昂去世后，法国《科西嘉人报》刊登了他的一份遗嘱。他说：在跨入天堂的门槛之前，我不想把我成为富人的秘诀带走，现在秘诀就锁在法兰西中央银行我的一个私人保险箱内，保险箱的三把钥匙在我的律师和两位代理人手中。谁若能通过回答贫穷之人最缺少的是什么而猜中我的秘诀，他将能得到我的祝贺。当然，那时我已无法从墓穴中伸出双手为他的睿智而欢呼，但是他可以从那个保险箱里荣幸地拿走 100 万法郎，那就是我给予他的掌声。"

遗嘱刊出之后，《科西嘉人报》收到了大量的信件，很多人寄来了自己

的答案。绝大多数的人认为，最缺少的是金钱；还有一部分人认为最缺少的是机会；另一部分人认为最缺少的是技能；还有人认为最缺少的是帮助和关爱。另外，还有其他一些答案，如漂亮，皮尔·卡丹外套，总统的职位……五花八门，应有尽有。

巴拉昂逝世周年纪念日，律师和代理人按巴拉昂生前的交代在公证部门的监视下打开了那只保险箱，在 48561 封来信中，有一位叫蒂勒的小姑娘猜对了秘诀。蒂勒和巴拉昂都认为贫穷之人最缺少的是企图心，即成为富人的企图心。

欲望是什么？欲望就是目标，就是理想，就是梦想，就是企图，就是行动的动力！

有欲望不是坏事，有欲望才有动力、有办法、有行动。从现在开始，你要立即"做梦"，拥有赚钱的欲望，设定赚钱的大目标：终生目标，10 年目标，5 年目标，3 年目标，以及年度目标。然后制订具体计划，开始果敢的行动。万事开头难，有目标就不难，创造财富是从制定目标开始的。天下没有不赚钱的行业，没有不赚钱的方法，只有不赚钱的人。

人的思考是源于某种心理力量的支持。一个连内心都懒洋洋的人，即使他有什么愿望，这些愿望对他来说也永远只能是漂浮的肥皂泡，甚至连肥皂泡都不算。因为愿望对他来说并没有什么美好的诱惑力，他也就丝毫没有力量去思考达到愿望的详细步骤。当人有了某种愿望后，就要去渴望达到或追求实现这些愿望，而不要总是找理由来打击自己的欲望。但有一点是必要的，这种愿望在你的心中必须是意识所能接纳的，是美好的。

有句话是这样讲的：如果你把箭对准月亮，那么你可以射中老鹰；但如果你把箭对准老鹰，你就只能射中兔子了。如果你在这么年轻、这么精力充沛的人生阶段是这种状态，那你一辈子只能捉兔子了，甚至连兔子也射不到，沦落到守株待兔的境地，一生中再也没有射中老鹰的臂力，甚至连这样的机会上帝都不会给你。如果你是这样的状态，并且打算就这样持续下去，那你这一生就完了。

1949 年，一位 24 岁的年轻人充满自信地走进美国通用汽车公司，应聘做会计工作。他来应聘的原因只是因为他的父亲曾经说过"通用汽车公司是一家经营良好的公司"，并建议他去看一看。

在面试的时候，他的自信使助理会计检察官印象十分深刻。当时只有一个空缺，而面试的人告诉他那个职位十分难做，一个新手可能很难应付得来。但他当时只有一个念头，就是进入通用汽车公司，展现他足以胜任的能力与超人的规划能力。

面试官在雇用这位年轻人之后，曾对他的秘书说过，"我刚刚雇用了一个想当通用汽车董事长的人"。

这位年轻人就是通用汽车公司前董事长罗杰·史密斯。罗杰刚进公司时结识的第一位朋友阿特·韦斯特回忆说："合作的一个月中，罗杰正经地告诉我，他将来要成为通用汽车的总裁。"正如罗杰所愿，32 年之后，他成了通用的董事长。

拥有成功的欲望，你才可能成功。拥有一个奔腾不息的欲望，会为你的生活创造一个孕育动力的落差，时刻提醒你去奋斗，引导你去奋斗；时刻让你与别人不同，让你能够充满激情地工作和生活；时刻给你憧憬和力量，让你倍感使命的召唤；时刻为你点燃希望的烛火，让你在黑夜中不会迷失方向。

生下来就一贫如洗的林肯，终其一生都在面对挫败：八次选举，八次落败，两次经商都失败，甚至还精神崩溃过一次。好多次，他本可以放弃，但他并没有放弃，也正因为他没有放弃，才成为美国历史上最伟大的总统之一。

"此路破败不堪又容易滑倒。我一只脚滑了跤，另一只脚也因而站不稳，但我回过头来告诉自己，这不过是滑一跤，并不是死掉都爬不起来了。"在竞选参议员落败后，亚伯拉罕·林肯如是说。

拥有一颗奔腾的欲望之心和高度的自我激励之心，是指导有志之人永远朝成功迈进的重要保障。一位智者说："生，非我所求；死，非我所愿；但生死之间的岁月，却为我所用。"所以，当我们仰首感叹如烟往事时，不如低头审视一下自己的内心，欲望的炉火是否还在燃烧，是否还在为你带来光和热？当我们卧躺枕边，想重拾昨夜的旧梦时，是否该为你的欲望做些什么呢？成功的法则有成千上万，但最重要的一点是：坚信自己会成功，让自己有颗奔腾不息的欲望之心。

 ·**魔 律 要 点**·

有钱跟运气无关，但与你的野心有关。要赚钱，就必须有赚钱的欲望。

250 定律：服务的胜利，就是竞争的胜利

随着产品同质化时代的到来，服务成了企业和商家取得成功的一个重要方面。服务不好，顾客就不会再上门，而且会让周围的人都知道这一点。服务好了，顾客不但自己会再次光顾，而且可能会介绍更多的人光顾你的产品。所以，一定程度上说，服务的胜利，就是竞争的胜利。善待每一位顾客，你就点亮了一盏吸引更多顾客的明灯。

丽兹·卡尔顿饭店是一家拥有 28 个连锁分店的豪华饭店，平均房租高达

150 美元。但这 28 家饭店的入住率仍高达 70%，老顾客回住率超过 90%。原因是它以杰出的服务闻名于世。"卡尔顿"的信条是："创造温暖、轻松、优美的环境，提供最好的设施，给予客人关怀，使客人感到快乐和幸福"，甚至实现客人没有表达出来的愿望和需要。

卡尔顿饭店为了履行诺言，对服务人员进行极为严格的挑选。标准是："我们只要那些关心别人的人。"为不失去一个客人，他们培训职员学会悉心照料客人的艺术和要做所有自己能做的事情。全体职员无论谁接到顾客的投诉，都必须负责到底，授权当场解决问题，而不需要请示上级。只要客人高兴，每个职员都可以花 2000 美元来平息客人的不满。

卡尔顿饭店，每位职员都被看作是"最敏感的哨兵、较早的报警系统"。职员们都理解自己在饭店的成功运作中所起的作用。正如一位职员所说："我们或许住不起这样的饭店，但是，我们却能让住得起的人还想到这儿来住。"卡尔顿饭店的职员也都感到自豪，其他豪华饭店的职员流动率达 45%，卡尔顿饭店却低于 30%。

精明的商家深知口碑的重要。几十年前，企业就开始请电影明星和篮球队员为他们的产品做广告，让自己的产品成为街头巷尾人们谈论的话题。甚至第一夫人埃利诺·罗斯福的形象也出现在杂志上，为一家"好运奶油"做广告。

星巴克在进驻某一城市打算开第一家店时，它会列一张当地可能会成为贵宾人选的名单，其中包括了星巴克员工的朋友和家人、当地的持股人、享受过邮购服务的顾客，还有星巴克慈善事业的支持者等。在即将开业的那段日子里，它会举办一系列活动：有产品赠送活动，邀请当地记者、评论家和厨师免费品尝自己的产品，并举行庆典聚会，邀请当地非赢利组织参加。通过这些努力，星巴克的名声传得越来越远了。

洛斯酒店的营销策略与星巴克有异曲同工之妙。一家酒店的开业，意味着扩大知名度的绝好机会的到来，同时又能吸引更多消费者。例如，2004 年 3 月，在庆祝新奥尔良洛斯酒店开业的一系列庆典活动中，他们邀请了市民代表、慈善团体，当地成百上千的艺术家、音乐家、作家、美食家和普通市民参加。

·魔律要点·

美国著名推销员拉德提出：每一位顾客身后，大约有 250 名亲朋好友。如果你赢得了一位顾客的好感，就意味着赢得了 250 个人的好感；反之，如果你得罪了一名顾客，也就意味着得罪了 250 名顾客。

专一定律：忌"黑瞎子"掰苞米式理财

投资者走入证券市场，犹如刘姥姥走进大观园，里面的诱惑实在是太多了。通常情况下，投资者不是目标太少了，而是太多了。刚发现一个目标，很快又被其他新的目标吸引过去，于是又放弃新目标。总之，很难做到目标专一。其实，这正是人的欲望使然。由于赚钱的心理急切，很多投资者缺乏耐心，不能冷静分析市场真相，被表面的变化所迷惑。证券市场的特点，就是今天金融股是热点，明天钢铁股是热点，后天就变成农业股是热点……

2008 年一整年，热点板块层出不穷，令投资者目不暇接。投资者想在每个目标上都捞些钱，于是设置了多个投资目标，平均使用资金力量。这就好比是"四处撒网",捞到什么算什么。这种做法,可能分散了投资风险,但由于目标过多,你不知道哪个才是真正赚钱的项目,就像狗熊摘玉米,掰一个又扔一个,结果手中老是一个,并没有增多;运气不好时,甚至会"水中捞月":什么都没得到。

索罗斯认为,一个人想要赚钱,就只能做你感兴趣的事:整天只想着要赚钱这一件事。一句话,目标专一才能赚大钱。1992年9月,索罗斯看到英镑将要贬值,于是把全部精力集中在攻击英镑上,根本不管他的这一行动会给英国经济带来什么后果。他集中了100亿美元投资进去,结果赚了10亿美元。事后,索罗斯说:如果当时我心不在焉,或只拿几亿美元去投资,结果就不会是10亿美元的利润,很有可能赔进去。但我把所有的宝都押在了英镑贬值上,这是我看准了的。这就是目标专一的好处。索罗斯说:当我看准一个目标,并相信这个目标能给我带来巨大的利润时,我就从其他目标上转移过来,把精力和资金都集中在这个大目标上。

而另一位世界级的投资大师巴菲特,也有异曲同工的操盘杰作。他看好的可口可乐、吉利公司、华盛顿邮报,一做就是二三十年,他的专一投资为他带来了丰厚的回报。巴菲特成功的秘诀,就是长期持有优秀企业的股票。巴菲特说:我最喜欢持有一只股票的时间是永远。这句话虽然有情绪渲染的成分,但是却充分表现了巴菲特在投资时的耐力和定力。

从以上两位世界级投资大师的操作中我们不难看到,专一是他们成功的秘诀。因此,作为普通投资者,想要在证券市场中获得成功,首先要改掉很多不良的操作习惯,同时,还要细心学习两位投资大师在证券市场上捕捉投资目标时的敏锐嗅觉和选取值得长线投资公司的能力。唯有这样,我们才可以逐步走向成功。

有一个寓言"黑瞎子(我国北方地区把熊称为黑瞎子)掰包谷",说的是黑瞎子在包谷地里摘包谷，刚掰下一个，觉得前面的更好，就扔下手里的去掰另一个；另一个到手，觉得还有更好的，又扔掉手里的，去掰那个"更好的"；不知不觉走到玉米地的尽头，天色已晚，只得慌慌张张随便掰一个，回去一看，恰恰是个癞子包谷，也只好将就了。

一位股友眼看近一段时间期货市场十分火爆，用他自己的话说就是"比股市赚钱的机会多多了"，于是掉转枪口，从股市资金账户中抽出一部分，转战期货市场。事实也确实如此：他开户入市后不少期货品种的价格波动实在不能算小，赚钱的机会真可谓一箩筐接一箩筐。但这位仁兄后来不得不灰头土脸地退了出来：看好了一个品种却没操作，痛失赚大钱的良机；在另一个自认为比较有把握的品种上大胆做了一把，岂料期价却连跌几天，不得已只好忍痛认赔而出，并萌生了将资金转回股市之意。

一个好项目的珍贵，是要在事过很久以后回头再看，才能发现的。并不是所有的付出都能得到相应的回报，正如你买了 10 只股票，也许 80% 的利润只来源于其中的两只。如果你不紧紧把握住它们，狠赚一把，那另外 8 只的亏损就可能把利润全部吃掉。

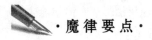 **·魔律要点·**

投资和爱情一样，需要专一才会开花结果。

曾经有一位哲学家讲过：人生专攻一点，在某一方面做出成绩，就算是成功。这话十分富有哲理。大千世界，事事可做；人生苦短，总不能样样皆精。老子讲：有所为，有所不为。其意思更明白不过，要做好一件事情，首先是要有所不为，集中精力专攻其一，才能够做到有所作为：这些就是生活给我们的哲学提示。

头脑定律：将大脑变成"摇钱树"

很多投资者，会在投资前运用 K 线形态、波浪理论、周期理论等方法，对市场进行分析，希望能推导出市场的变化方向，然后在市场的波动期投资，以期获利。但令人失望的是，这些分析方法并不能确保投资获利，相反，它使很多投资者一文不名，家破人亡。意识到这一点后，人们开始关注蕴藏在价格变动规律背后的哲学逻辑，有"上帝"美誉的索罗斯自然成为众多投资者争相仿效的对象。

"思想摇钱树"理论，是索罗斯的第一个贡献和"发明"。在索罗斯的观念里，"相信我们也许错了"，是每个市场参与者首先要摆正的心态；"承认我们的理解是不完全的"，是每个投资者必须面对的现实。在这个基础上，要相信现实的市场永远是不均衡的；在不均衡的世界里，存在太多的变量（事物的实际现状和人们对世界的看法都是不稳定的），事物的发展进程脱离控制，这就需要我们发现接近均衡和突变状态的边界，然后在边界附近进行交易，就能把风险降到最低。

在一般人的眼中，想靠拾破烂成为百万富翁，近乎天方夜谭。可是，真就有人做到了。

在美国伊利诺伊州的哈佛镇，有群孩子经常利用课余时间到火车上卖爆米花。

一个 10 岁的小男孩也加入到这一行列。他除了在火车上叫卖外，还往爆米花里掺入奶油和盐，使其味道更加可口。结果，他的爆米花比其他任何小孩都卖得好。因为他懂得如何比别人做得更好，创优使他成功。

当一场大雪封住了几列满载乘客的火车时，这个小男孩便赶制了许多三明治拿到火车上去卖。结果，虽然他的三明治做得不怎么样，但还是被饥饿的乘客抢购一空。因为他懂得如何比别人做得更早，抢占先机使他成功。

夏季来临，小男孩又设计出一个能挎在肩上的半月形的箱子，在边上刻出一些小洞，刚好能堆放蛋卷，并在中部的小空间里放上冰淇淋。结果，他这种新鲜的蛋卷冰淇淋备受乘客的欢迎，使他的生意火爆一时，因为他懂得如何比别人做得更新，创新使他成功。

车站的生意红火后，参与的孩子越来越多。这个小男孩意识到好景不长了，便在赚了一笔钱后果断地退出了竞争。结果，孩子们的生意越来越难做了。不久，车站又对这些小生意进行了清理整顿，而他却因及早退出而没有受到任何损失。因为他懂得如何比别人更清醒，一件事在大家都看好时，他能保持清醒的头脑，及时抽身出来。及时抽身使他成功。

后来，这个小男孩成了一个不同凡响的人，他就是摩托罗拉公司的创始人保罗·高尔文。

一个比别人做得更好、做得更早、做得更新、做得更清醒的人，一个懂得如何创优、创新、抢占先机、及时抽身的人，还是孩子的时候，就具有如此高明的商业头脑，怎么可能不拥有成功的人生呢？

 ·魔律要点·

一生中，我们花费大量的时间学习知识。但是很可惜，没人教我们如何赚钱，没人培养我们的投资思维。投资不仅是理财概念，更是一种全新的赚钱思想。思想就是金钱，我们似乎很难将这两者画上等号，但当你了解了索罗斯的投资手法时，你会惊奇地发现：头脑原来是棵摇钱树。

财商定律：身无分文，也能赚钱

常言道：身无分文，寸步难行。这句话用在丹尼尔·洛维洛身上，却并不绝对。虽然他一无所有，但他充分发挥才智，筹得一大笔资金，为自己成为"世界船王"打下了坚实的基础。

丹尼尔·洛维洛，自小就与船结下了不解之缘。令人惊讶的是，他未用一分钱，竟筹到了钱，赚到了钱，最后还成了世界著名的船王。

1937 年，丹尼尔·洛维洛一到纽约，便匆匆出入于几家银行之间，做着儿时便想做的事：借钱买船。他想向银行贷款把一艘船买下来，改装成油轮，因为那时载油比载货赚钱。银行的人问他有什么可做抵押。他说，他有一艘老油轮在水上，正在跑运输。接着，丹尼尔将自己的打算告诉对方，他把油轮租给了一家石油公司。他每个月收的租金，正好每月分期还他要借的这笔款。所以，他建议把租契交给银行，由银行向那家石油公司收租金，如此也就等于他在分期付款。

这种做法看似荒唐，许多银行肯定叫他走人。但实际上，对银行来说是相对保险的。丹尼尔·洛维洛本身的信用或许并非万无一失，但那家石油公司却是可靠的。银行可以假定石油公司会按月付钱没问题，除非有预料不到的重大灾祸发生。退一步说，如果丹尼尔把货轮改装成油轮的做法结果也跟其他做法一样失败了，但只要那艘老油轮和石油公司在，银行就不怕收不到钱。最后，钱转到了丹尼尔手中。丹尼尔·洛维洛用这笔钱买了他要买的旧货轮，改为油轮租了出去，然后再利用它去借另一笔款，再去买一艘船。如此几年后，每当一笔债付清了，丹尼尔就成了这艘船的主人。租金不再被银行拿去，而是由他放进自己的口袋里。

丹尼尔·洛维洛没掏一分钱，便拥有了一支船队，并赢得了一笔可观的财富。

做生意总得要有本钱的，但本钱总是有限的。当你的资金不足时，你必须要借钱。提起借钱，很多人都会头疼。的确，这不是件很容易的事，借钱需要勇气和技巧。因此，为了创业，你应该考虑怎样去借钱。不要害怕借钱，只要你气魄非凡，满怀信心，切入口选准，按期还贷，你就会有良好的信誉，以后创业就大有成功的可能。

改革开放之初的几年，聪明伶俐的张清做了两个小生意，攒了点积蓄，可后来把原来的三间平房翻造成楼房后，积蓄就用完了。这时，他已不再满足于街头的小打小闹了，想办一个公司，或开一家工厂。他把自己的打算告诉了许多朋友。

一天，有位朋友专程来告诉他一个消息，本地的盛源商业信托公司属下有一家游乐厅，内有大型游戏机、碰碰车、酒吧等资产，价值400万元，现因管理不善，盈利甚微，而信托公司想转向投资，开办有高额利润的保险公司，因此准备把这家游乐厅卖掉。张清得到消息后感觉到这是一个难得的机会，就立即前去洽谈，以380万元的价格成交。合同订下后允许一年内分三期付清款项。第一次先要付220万元。

"天啊！这么多的钱到哪儿去借。"张清的妻子听了之后大叫起来，因为她清楚，自家的全部财产，包括房子算在内也不过十几万元而已，这220万元简直是个天文数字。可张清却沉着地说："有办法！"

张清找了一家关系较好的银行，他用买下的游乐厅作为抵押，贷到220

万元资金。对这家银行来讲，有价值 380 万元的财产作抵押，又能得到 220 万元业务的贷款利息，也是一桩好的生意，所以很顺利地就把款贷给了张清。

张清贷款买下游乐厅后，由于经营得法，夫妻两个勤勤恳恳，吃苦耐劳，精打细算，游乐厅的生意兴隆。两年后，他付清了全部欠款。四年后，他成了百万富翁。

可见，贷款并不可怕，可怕的是经营不得法，是经营者没有举债的胆量。

只想小心谨慎地做自己的生意而不敢借贷，往往在商场上成不了什么大气候。而大胆地前进一步，勇敢地向银行贷款、举债，则往往会走向成功。在商业借贷上，"打时间差"是最常见的空手道运作形式。这里"打"是利用的意思。打时间差就是凭借协约、合同等有效手段，把操纵权控制在自己手中；然后在合同、协定规定的时间内，利用不同合同上的时间差来巧妙筹划，可以少花钱，甚至不花钱就能挣一笔财富。

·魔律要点·

在现代，任何巨额财富的起源，建立在借贷基础上的是最快捷的成功方式。当然，借钱就得付利息，但你不要害怕，你利用了别人的资本赚钱，你赢得的部分，可能远远超出了你所付的利息。

选择定律：今天的生活来自昨天的选择

有一个富翁得了重病，已经无药可救，而唯一的独生子此刻又远在异乡。他知道自己死期将近，但又害怕贪婪的仆人侵占财产，便立下了一份令人不解的遗嘱："我的儿子仅可从财产中先选择一项，其余的皆送给我的仆人。"富翁死后，仆人便欢欢喜喜地拿着遗嘱去寻找主人的儿子。

富翁的儿子看完了遗嘱，想了一想，就对仆人说："我决定选择一样，就是你。"这聪明的儿子立刻得到了父亲所有的财产。

因为有了选择，富翁让他的儿子主宰了自己的财富而不至于落入贪婪的仆人之手。

人生中的任何结果都是你自己的选择。什么样的选择决定什么样的生活。今天的生活是由 3 年前我们的选择决定的，而今天我们的选择将决定我们 3 年后的生活。一切的改变都源自观念的改变，一切的选择都莫过于积极态度的选择。

在意大利威尼斯的一个村庄里，住着一位睿智的老人，村里人有什么疑难问题都来向他请教。有一天，一个聪明又调皮的孩子，想要故意为难那位老人。他捉了一只小鸟，握在手掌中，跑去问老人："老爷爷，听说您是最有智慧的人，不过我却不相信。如果您能猜出我手中的鸟是活还是死的，我就相信了。"老人注视着小孩子狡黠的眼睛，心中有数，如果他回答小鸟是活的，小孩会暗中加劲把小鸟掐死；如果他回答是死的，小孩就会张开双手让小鸟飞走。老人拍了拍小孩的肩膀笑着说："这只小鸟的死活，就全看你了！"

是的，一切全看你的选择。人生就是一连串的选择过程，每个人的前途与命运，就像那手掌中的小鸟，完全掌握在自己手中。

你希望工作更顺利，生活更快乐，但你觉得自己总是在做不喜欢的工作，这是你的选择，因为你完全可以更换工作；

你希望身体更健康、更强壮，但你总是说没有时间运动，导致身体虚弱，这是你的选择，因为你完全可以抽出时间来运动；

你希望家庭更幸福、小孩更听话，但是你总是跟太太吵架，小孩学业跟不上你就责罚他，这是你的选择，因为你完全可以控制情绪或花时间教育小孩；

你希望拥有更好的人际关系，但你总是说朋友少，这也是你的选择，因为你可以决定让自己多交一些朋友；

你希望拥有更多的财富，但你总是抱怨收入不够多，你完全可以付出更多的努力，这是你的选择。

同一座山上，有两块相同的石头。3年后发生截然不同的变化，一块石头受到很多人的敬仰和膜拜，而另一块石头却受到别人的唾骂。

这块石头内心极不平衡，一天，它说道：老兄呀，3年前，我们同为一座山上的石头，今天却产生这么大的差距，我的心里特别痛苦。另一块石头答道：老兄，你还记得吗？3年前，来了一个雕刻家，你害怕割在身上一刀刀的痛，你告诉他只要把你简单雕刻一下就可以了；而我那时想象着未来的模样，不在乎割在身上一刀刀的痛，所以产生了今天的差异。

由此可见，不同的境遇，来源于不同的选择。人生就是由选择组成的。其实，你已经选择了平平凡凡的一生。当然，你也可以选择光辉灿烂的一生。因为你选择了奋斗，选择了坚持，便选择了成功。而一般人不做这个选择，选择了逃避，选择了平庸，便是选择失败，所以失败也是一种选择。

金钱是魔鬼，既是痛苦的根苗，也是幸福的源泉。

有钱的人越来越有钱，没钱的人越来越没钱。定律似乎就这么简单，弄通了其中的缘由，或许你就能从没钱人的队伍走到有钱人的阵列中去。

 **·魔律要点·**

人生就是一连串的选择过程，每个人的前途与命运，完全掌握在自己手中。

成功也是一种选择。成功或失败并不决定于你懂不懂或知不知道什么方法。虽然方法很重要，但真正决定成败与否的，其实是你的选择，是你的决定。

Part 5
万变世界绝对不变的团队魔律

现在不是个人英雄的年代，单枪匹马闯不出天下。高效的管理，能打造出有激情、有活力、有使命感的团队，这样的团队是企业的生存命脉。

马太定律：保持"领头羊"的优势

20世纪60年代，美国著名社会学家罗伯特·莫顿用"马太效应"一词来概括一种社会现象：对已有相当声誉的科学家做出的特殊贡献给予的荣誉越来越多，而对那些还未出名的科学家则不肯承认他们的成绩。

"马太效应"在教育中就是"偏爱重点校，善待高分生；放弃薄弱校，制造学困生"，形成"显人才"和"潜人才"的分化与对立，制造"精神贵族"和"精神乞丐"。"精神贵族"从一开始就被教师视为掌上明珠，放在鲜花、笑脸、赞美和掌声之中。而调查显示，绝大多数成绩中下等的学生（甚至包括一些成绩比较好的学生）则认为学校和教师不公，使他们经常受到冷落。这些"精神乞丐"一开始就伴随着淘汰教育，不知从什么时候开始，又是什么人给他们起了一个"差生"的名字，于是很多"潜人才"就理所当然地充当了"陪衬品"的角色，结果他们成了"马太效应"的牺牲品。

应用在市场经济中，就是对社会资源重新分配的调节，使资源向低投入、高产出的企业和商品倾斜。也就是说，越有声誉的企业和商品，越能获得效益，而这些效益反过来又能维持和促进企业及商品获得更多的声誉。

金钱方面更是如此。例如乘数效应，即使投资回报率相同，一个比别人投资多10倍的人，收益也多10倍。

要想在某一个领域保持优势，就必须在此领域迅速做大。当你在某个领域或项目中成为领头羊的时候，即使投资回报率相同，你也能更轻易地获得比弱小的同行更大的收益。而若没有实力迅速在某个领域做大，就要不停地寻找新的发展领域或项目，才能保证获得较好的回报。

从成功走向成功很容易，从失败走向成功则很难。成功有倍增效应，你越成功，你就会越自信，越自信就会使你越容易成功。例如，通过体验成功，一名学生能产生积极向上的心态，具有了更大的发展潜力，会取得更多的成功。这就是"马太效应"在教育领域的灵活运用。所以，成功是成功之父。你应该尽快使自己有获取成功的感觉。

马太效应的另一个重要表现是"一步领先，步步领先"。崇尚个人奋斗的美国人大都记着一句格言：人生最重要的是第一桶金。因为第一桶金是创业成功的标志，是积聚财富的开始，是通往成功之路的起点与转折。所以你需要抓紧时间，早日掘到第一桶金。

加拿大多伦多一家玩具公司的老板哈拉里创业的第一桶金只有 5 美元，仅仅过了几年时间，他的 5 美元就变成了几百万美元。1991 年，哈拉里和拉比这对恋人在西安大略大学读绘画艺术，并沉浸在招贴画的艺术灵感之中。有一天，拉比突发奇想：这么精美的艺术作品，何不将它拿出去卖钱？两人一拍即合。没想到，一张招贴画竟卖了 5 美元。5 美元不多，但意义非同小可。从卖出第一幅校园招贴画开始，他们就确信，未来的唯一选择就是做一个创业者了。因为他们从 5 美元的交易中找到了成功的感觉，发现自己除具有技术能力外，还具有非凡的商业能力。于是，他们从 5 美元开始起步，经过 3 年的经商积累，于 1994 年创立了一家玩具公司。1999 年，公司的销售额已经超过 500 万美元，他们用了几年时间便跃居到百万富翁的行列。

· 魔律要点 ·

马太效应来自《新约·马太福音》中的一句话："凡是有的，还要给他，使他富足；但凡没有的，连他所有的，也要夺去。"

"马太效应"的精髓就是"赢家通吃"："肥马饱了也喂草，不顾瘦马饿着跑。"

马太效应是当今社会中存在的一个普遍现象。贫者愈贫，富者愈富；强者愈强，弱者愈弱。任何个体、群体或地区，一旦在某一个方面（如金钱、名誉、地位等）获得成功和进步，就会产生一种积累优势，就会有更多的机会，取得更大的成功和进步。

坎特定律：每一个生命都值得尊重

尊重，也是企业领导必须掌握的一种行之有效的用人方法。尊重，就是要尊重人们的自尊心。尊重员工的自尊心，就能受到员工拥戴；员工自尊心得到满足，工作就会受到激励。不会尊重别人的领导，很难得到下属的拥戴与支持，其工作必是死气沉沉，毫无生机、活力可言。

经济学家左大培说："我们把企业家宠坏了。"现在很多企业家、企业的管理人员，他们根本不愿意学习尊重员工，他们也不认为员工值得尊重；他们认为管理就是胡萝卜加大棒，根本没有任何技术含量。而在我们的社会中，相当大一批人恰巧是认同这一点的。

他们制定制度的出发点就是瞄着"管人"，他们属于"助纣为虐"的类型：以企业的名义把个人变成工具，使得个人在庞大的企业面前毫无谈判的地位。

"以人为本"，首先就是要有一种平等的理念，尊重每一个员工。

人是提高生产率的最重要的因素。企业要想提高生产率和经济效益，就必须把工人当作最重要的资产。因此，追求卓越管理的真正秘诀是"必须尊重每一个员工"。其实，这是许许多多成功企业的切身感受和共同认识。来自被管理者的反馈信息，也证实了"尊重人"的至关重要性。大家的共同认识是：身居领导地位的人，如果不把自己的部下放在眼里，那么，这些下属就不会有干劲，也不会对上司产生好感，更不可能心悦诚服地执行上司的指示。

尊重人应该是内容与形式的统一。在美国，成功的企业几乎都十分注重建立"尊重每一个人"的形象，他们不放弃任何一种可能的形式，甚至连词汇上也会有所体现。达纳公司则在一切报告和讲演中都使用"大家"的字眼，不用"工人们"的称呼。在麦当劳公司，所有雇员被称为"伙伴"，而不称"员工"。这些做法确实有潜移默化的作用。

当然，尊重人不仅需要形式，更应该注重内容。尊重人应该体现在对员工利益的真正关心上。有许多公司往往在企业不景气的时候仍然雇用全部员工，坚持充分就业。他们这样做，无非是想让员工感到"公司需要你"，因为没有任何事能比"公司需要自己"更能刺激员工产生高期望，从而尽量让自己表现得更优秀。

IBM总裁指出，最重要的共同信条是"我们尊重每个人。"这个观念很简单，但是在我们企业内，管理人员却在这方面花了相当多的时间"。另一些出类拔萃的公司如花旗银行等，也因采取类似的作风而能获得重大额外效益，因为他们"视员工如伙伴，待之以礼，处之以尊重的态度"。三角航空公司所获利润，在美国的航空公司中一直位列前茅，因为那里有"大家庭的气氛"。

美国海·帕公司是规模庞大的电子工业企业，他们对员工的推心置腹，可以从"实验室存品开放"的做法充分看得出来。公司不但让工程师自由使用电气与机械设备，还鼓励他们把设备带回家去私自使用！他们在家里摆弄这些设备，自然会有心得：这是发挥公司求新求变的宗旨。据说董事长毕尔·休雷特在星期六巡视一处工场，看见实验室存品间的门锁着，他立即到维修部取来一把电锯，将门上的挂锁锯掉。星期一早晨大家来上班时，发现他留下字条："请不要再锁此门。拜托，毕尔。"在麦当劳、IBM、花旗银行、瑞士银行以及许多其他业绩极佳的公司，"故意找机会向员工颁赠别针、饰钮、徽章和奖章的事例，多得数不清。这些公司都有层出不穷的借口，颁发奖酬。

尊重人应该保持必要的原则性。尊重员工并不是对员工一味迁就和无原则的让步。相反，丧失原则，不仅会损害企业利益，也损害员工的利益。美国玫琳凯化妆品公司的成功曾经被认为是个奇迹，这个公司的总裁玫琳凯在谈到自己的成功经验时说："我管理的金科玉律是：你们希望别人怎样对待你，你们就怎样对待别人。"她认为最重要的是要让员工感受到你在尊重他们。但在如何尊重这一点上，玫琳·凯却有自己的理解：她认为尊重人绝不应该是无原则的，对一个表现出明显缺点的员工，一味迁就和让步就等于毁了他。这时候，严厉和原则倒往往是一剂良药。

·魔律要点·

坎特定律由美国哈佛商学院教授罗莎贝斯·莫斯·坎特提出。管理从尊重开始。尊重员工是人性化管理的必然要求，是回报率最高的感情投资。尊重员工是领导者应该具备的职业素养，而且尊重员工本身就是获得员工尊重的一条重要途径。

手表定律：一个企业只能采取一种价值标准

"手表定律"带给我们非常直接的启示：对于任何一件事，我们都不能同时给它设置两种不同的目标，否则将使当事者无所适从。"手表定理"应用在企业管理中，给我们的启示是：一个企业不能同时采取两种不同的价值标准，否则必将迷茫于选择之中。正如军事天才拿破仑所说：宁愿让一个平庸的将军带领一支军队，也不要两个天才同时领导一支军队。著名的"美国在线"与"时代华纳"合并案就是一个因违反这个定律而失败的经典案例。"美国在线"是一个互联网公司，其企业文化强调操作灵活，决策迅速，要求一切以快速抢占市场为目标；而"时代华纳"是一家老牌公司，它在长期的发展进程中，强调诚信之道和创新精神。两家企业合并后，企业高管没有很好地解决两种价值标准，导致员工根本搞不清该遵循哪种标准，最终导致两家"联姻"企业以失败而告终。

通常，当我们碰到自己解决不了的问题时，都会寻求局外人的建议。由于他们置身事外，所以很容易对事情做出客观的评价，这也是管理咨询公司迅速发展的原因之一。但"坏"建议是有风险的，在寻求外部顾问的建议时还请注意以下两点：

一、找到唯一的最好顾问："两只手表"并不能告诉你更准确的时间，只会让你失去对准时的信心。它会把你弄得无所适从，身心憔悴，不知自己该信哪一个。你要做的就是选择。

其中较可信赖的一只手表，尽量校准它，并以此作为你的标准，听从它的指引。记住尼采的话："兄弟，如果你是幸运的，你只须有一种道德而不要贪多。"

二、你的顾问只能和你一样聪明：比如说你在投资理财上想找一个顾问，那么你的顾问只能和你一样聪明。如果你不聪明，他们就不能告诉你太多；如果你有财务知识，有能力的顾问就能给你提出更复杂的财务建议；如果你没有财务知识，他们必须按照法律为你制定安全、没有风险的财务战略；如果你不是一个老练的投资者，那么他们仅仅是建议低风险、低回报的投资，例如多样化的投资。

没有哪个顾问会选择花时间教你，因为他们的时间也是金钱。因此，如果你靠自己学到的财务知识经营你的钱，那么有能力的顾问会告诉你只有少数人才会看到的投资和战略。但是，首先你必须使自己变得有知识。永远记住，你的顾问只能和你一样聪明。

在企业经营管理方面，手表定理给我们一种非常直观的启发，就是对同一个人或同一个组织，不能同时采取两种不同的方法，不能同时设置两个不同目标，甚至是每一个人都不能由两个人同时指挥，否则，将使这个企业或这个人无所适从。

手表定理所指的另一层含义在于，每个人都不能同时选择两种不同的价值观，否则，你的行为将陷入混乱。

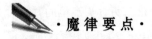

·**魔律要点**·

只有一块手表，你可以知道时间；拥有两块或者两块以上的手表并不能更准确地确定时间，反而会制造混乱。每个人都不能同时挑选两种不同的行为准则或者价值观念，否则他的工作和生活必将陷入混乱。你只需要一只值得信赖的手表，以它为标准行事。一味地添加更多的手表，你只会无所适从，这也说明你并没有为自己建立最终的定位。你要干什么，你就跟自己设定的手表走；贪婪地添加手表，只会增加你的压力，从而迷失方向。

不值得定律：不要被不值得的事消耗精力

一个人如果做一份与他的个性气质完全背离的工作，他是很难做好的。例如，要一个孤僻的、害羞的、没有激情的人每天和不同的人打交道，他会觉得很难过，很不情愿。同样一份工作，在不同的处境下去做，给我们的感受也是不同的。独上高楼，登高望远，你要确立远大的人生目标，在千万条天涯路中，找到一条适合自己发展的人生道路，并制订详细的计划。孟子曾经说过：天将降大任于斯人也，必先苦其心志，劳其筋骨，饿其体肤，空乏其身，行拂乱其所为，所以动心忍性，增益其所不能。一切成就大事业的人，都免不了经历这样的磨炼。

美国史学家卡维特·罗伯特认为，没有人因倒下或沮丧而失败，只有他们意志丧失或消极才会失败。

在决定是否将一个构思发展为剧本前，著名编剧尼多尔·雪西蒙都会问自己：假如我要写这个剧本，在每一页我都尽量保持故事性，而且要将角色发挥得淋漓尽致，那么，这个剧本会有多好呢？答案是：可能还不错，会是一个好剧本，但不值得为此花费一两年的生命。如果是这样，雪西蒙会果断决定不去写它。

再来看看另一个故事。在朗讯科技公司工作时，卡莉·费奥瑞纳就被《财富》杂志评为年度美国商业界最有影响力的女性，并成了那期《财富》的封面人物。于是，众多猎头公司盯上了她，纷纷以种种诱人的条件，拉她去别的公司发展。她被这些诱惑搅得心烦意乱。她的人生导师朗讯科技公司的董事长却告诫她说：你必须自己拿主意，要想清楚哪些职务邀请是你愿意考虑的。无论你的目标是什么，都不要在不符合你目标的事情之上浪费时间。费奥瑞纳认清了自己的人生目标，没有为那些诱惑所动，最后终于成为世界最著名公司之一惠普的第一位女总裁。

不值得做的事情会消耗一个人的时间和精力。遗憾的是，我们大多数人一直到他们的人生生涯走了一大半以后，才开始问自己这样的问题。

老子说过一句话："重为轻根，静为躁君。轻则失根，躁则失君。"一个人，如果没有人生的负担和追求，就不会懂得"重"与"静"为何，就会成为生活中一茎无根的浮萍。

对每个人来说，应在多种可供选择的奋斗目标及价值观中挑选一种，然后为之奋斗，才可以激发自己的斗志，在成功的路上才能走得更为踏实和稳健，在成功之后才能更加心安理得。

清代中兴名臣曾国藩曾经说：坚其志，苦其心，勤其力，事无大小，必有所成。这是封建时代对一个士大夫的要求，对 21 世纪的我们仍然有借鉴意义。

然而，今天是一个实用主义盛行的时代，不可避免地会让每个人陷入工具理性中，将"工具—目的"的循环作为自己的生活模式。努力读书以便进入高等学府，努力读书是出人头地的工具；朋友同事则是从中获利的工具。

这种视万物为工具的生活模式，让我们已经自觉或不自觉地习以为常。与此同时，得名得利得志得意的故事见多了，有人开始与世同醉，不择手段，放弃一切理想，出卖灵魂，出卖思想。

证严法师说：人活在什么都可以自由自在的时代，却被这种随心所欲的自由蒙蔽，虚掷时光而毫无知觉。

然而，工具理性的生活模式，如果不加上一个远大追求，人生便永不能获得最后的成功；就像一条船上只有划船的水手，而没有瞭望哨一样，总有一天会搁浅或者触礁。

如果没有目标，没有方向，整个人生就会变成"不值得"付出的旅程，就会像无舵之舟，脱缰之马，到处飘荡奔逸，最后不知所终地消失在轮回中。在每天的生活中就可能成为"不晓大义，只讲小义，不明大势，只晓小势"的井底之蛙，看上去八面玲珑，实际上缺乏更高的追求和更广阔的视野，即使小有所成，也只能是杯水尺波。人生如果没有目标，一旦小有所成，马上会沾沾自喜，迷失在已经走过的路上，而失去前进的方向。

每个人都只有几十年的生命，但真正用来做事的时间实际上却是少之又少；即使勤奋如爱迪生，恐怕也只是利用了三分之一的人生而已。从这个意义上来说，我们做任何一件事情的机会成本是很高的。

因此，不值得做的事情千万不要去做，不值得追求的目标千万不要去追求，不管感情上如何难以割舍，都不要去做。因为不值得做的事，会让我们消耗大量时间与精力，误以为自己达到了某些目的，而实际上得到的却只是虚幻的满足感。同时，我们会发现该做的事一件都没有做，而自己已经疲惫不堪。凡是一个人在自己内心感到紧紧握住了自己的东西，凡是一个人情愿为之受苦甚至牺牲生命的东西，就是一个人的人生目标。它也许不值得，但没有它，别的就更不值得。

·**魔 律 要 点**·

不值得做的事情，就不要去做。

一个人如果从事的是一份自认为不值得做的事情，往往会保持冷嘲热讽、敷衍了事的态度，不仅成功率低，而且即使成功，也不会觉得有多大的成就感。

对个人来说，应从多种可供选择的奋斗目标及价值观中挑选一种，然后为之奋斗。"选择你所爱的，爱你所选择的，才可能激发我们的斗志，也可以心安理得"。

企业要加强员工对企业目标的认同感，让员工感觉到自己所做的工作是值得的，这样才能激发职工的热情。

彼得原理：马始终都是马

对个人而言，虽然我们每个人都期待不停地升职，但不要将往上爬作为自己的唯一动力。与其在一个无法完全胜任的岗位上勉力支撑、无所适从，还不如找一个自己能游刃有余的岗位好好发挥自己的专长。

尽管我们必须重视管理人员成长的可能性并通过提供更大的发展空间等手段来激发他们的潜能，但彼得原理可以作为一种告诫：不要轻易地进行选拔和提拔。

解决这个问题最主要的措施有三个：

第一，提升的标准更需要重视潜力而不仅仅是绩效。应当以能否胜任未来的岗位为标准，而非以在现在岗位上是否出色为标准。

第二，能上能下绝不是一句空话，要在企业中真正形成这样的良性机制。一个不能胜任经理的人，也许是一个很好的主管；只有通过这种机制找到每个人最胜任的角色，挖掘出每个人的最大潜力，企业才能"人尽其才"。

第三，为了慎重地考察一个人能否胜任更高的职位，最好采用临时性和非正式性"提拔"的方法来观察他的能力和表现，以尽量避免降职所带来的负面影响。如设立经理助理的职位，在委员会或项目小组这类组织中赋予更大的职责，特殊情况下先担任代理职位等。

我们来看一件发生在古罗马皇帝哈德良身上的事。

哈德良手下有一名军官，在皇帝面前提出了升官的要求。哈德良问："你为什么觉得自己该升官了？"

这位军官得意地说："我长期服役，我参加过 10 次战役，我的经验丰富。"

哈德良并不认为那位自诩资历深实则才能平庸的军官应该得到升迁。于是，他指了指旁边拴着的几匹战马，平静地说："亲爱的将军，也许你应该好好看看这些战马。你知道吗？它们至少参加过 20 次战役，然而它们始终都是马！"

企业中排除少数天才的存在，可以认为同一级别的员工在能力和经验上相差无几，晋升实际上是矮子里面挑将军。权力的分配却是赢者通吃，整个组织呈金字塔架构，也就是说能力按算术级数增长，权力却是按几何级数增长。越往上，能量／权重的"能权比"也就越小。

·魔律要点·

彼得定律由美国学者劳伦斯·彼得在对组织人员晋升的相关现象研究后，于1968年，在《彼得定律》一书中进行了阐述。彼得原理有时也被称为"向上爬"原理。它讲的是：在各种组织中，雇员总是趋向于晋升到其不称职的地位。

对一个组织而言，一旦其中的相当部分人员被推到了其不称职的级别，就会造成组织的人浮于事，效率低下，导致平庸者出人头地，组织发展停滞。因此，这就要求改变单纯的"根据贡献决定晋升"的企业员工晋升机制，不能因某个人在某一个岗位级别上干得很出色，就推断此人一定能够胜任更高一级的职务。要建立科学、合理的人员选聘机制，客观评价每一位职工的能力和水平，将职工安排到其可以胜任的岗位上。不要把岗位晋升当成对职工的主要奖励方式，应建立更有效的奖励机制，更多地以加薪、休假等方式作为奖励手段。有时将一名职工晋升到一个其无法很好发挥才能的岗位，不仅不是对职工的奖励，反而会使职工无法很好地发挥才能，也会给企业带来损失。

大荣原则：人才是企业的"潜力股"

对普通员工，许多成功的公司都设立了各种培训大学。摩托罗拉专门为员工培训成立了摩托罗拉大学。爱立信也在中国成立了爱立信中国学院。IBM 在中国的培训有"魔鬼训练营"的雅号。思科则在无处不在、永不关闭的互联网世界里形成了独具特色的 Earning 多媒体培训环境，员工在工作和学习之间没有界限，你随时可以拿起耳机来进入学习状态。联想集团更是成立了以总裁柳传志亲任院长的联想管理学院。

三星集团是韩国第一个设有员工训练中心的企业。训练中心悬挂着李秉哲亲笔题写的"人才第一"的匾额。在三星训练中心，首先接受的是爱三星教育。通过教育，培养员工爱护三星、为三星忠诚服务的思想，树立我就是三星，三星就是我的理念。其次是学员根据各自的实际需要接受各种不同的教育和训练，在训练结束之前，还要接受一项"适应生活及提高推销能力"的训练，方法是交给学员每人两件三星产品，用汽车把他们送到乡下，让他们分头去推销，把货卖掉了才能回来。

企业首先是一个培养人的学校，其次才是企业。有了合格的人才培养，企业的各项理念才能很好地贯彻下去，企业的管理层才能进行正常的新陈代谢，维持一个常新的局面。也只有这样，企业才能在激烈的市场竞争中立于不败之地。

杰克·韦尔奇有"经理人中的经理人"之称，是 20 世纪最伟大的 CEO 之一。他在业界之所以有这么重要的地位，是因为他生产"人才"。韦尔奇原则是他一生用人、培养人实践的总结。在最近一次全球前 500 名经理人员大会上，杰克·韦尔奇在透露他成功的重要秘诀时说：GE 成功的最重要原因是用人。他为通用电气做的最后一件重要工作，就是在退休前选定了自己的继承人伊梅尔特。

与很多 CEO 不同，杰克·韦尔奇把 50%以上的工作时间花在人事上，他自认为他最大的成就是关心和培养人才。他至少能叫出 1000 名通用电气高级管理人员（GE 的员工约 17 万名）的名字，知道他们的职责，知道他们在做什么。韦尔奇自己曾说："我们所能做的是把赌注押在我们所选择的人身上。

因此，我的全部工作就是选择适当的人。"

在知识经济时代，人力资本可以说是未来企业唯一的财富。企业只有关心人、尊重人、培养人，才能吸引人、留住人并更好地使用人。

联想高层认为，可以在企业中承担较高责任的人才，必须具备六个标准：一是共同信念和价值观；二是忠诚与牺牲精神；三是审时度势、独当一面的指挥能力；四是搭班子、带队伍的管理能力；五是团结多数、协调一致的合作能力；六是孜孜不倦、吐故纳新的学习能力。这个标准既是一种训练标准，又是一套操作标准。

为了与人才标准相适应，联想也形成了自己独特的人才素质观，即良好的道德素养；出色的专业修养；敬业的职业态度；危机意识；竞争意识；合作意识；善于学习，善于总结。人的素质是选拔人才的重要标志。

对于一般员工，联想有个"入模子"的基本要求，就是要按照联想所要求的行为规范做事。联想的行为规范主要指执行以岗位责任制为核心的一系列规章制度，包括财务制度、库房制度、部门接口制度、人事制度等。执行制度是对每一个联想员工最基本的要求。

各种制度，有效地制约着企业的运行。按照联想职工"入模子"的基本要求，职工从开始受到压力"入模子"，到习惯成自然的过程，"这个过程就是联想全体员工素质提高的过程"。

人才的培养是决定企业生存和发展的命脉，企业的发达，乃人才的发达；人才的繁荣，即企业的繁荣。企业未来的生存和发展离不开对人才的培养。

在企业的发展中，设备条件的提高远远没有员工素质的提高重要。要提高员工的素质，就要随时随地地开展燕尾服员工教育与培训工作，启发员工的思想，更新员工的技术。

人才建设是任何一个企业生存、发展的重中之重，没有了人才，一切都无从谈起，因此，对人才的培养事关企业的成败。

 **·魔律要点·**

日本大荣公司的宗旨：企业生存的最大课题就是培养人才。

人才是企业生存之本。对每一个企业来说，无论怎样强调人才的重要性都不过分。人才有两个来源，一是通过招聘从外界吸收，一是通过企业自己培养，二者相得益彰。成功的企业不一定注重人才的培养，但是一直成功的企业一定非常注重人才的培养。国内外无数成功企业的事例都有力地证明了这一点。

华盛顿合作定律：不做冷漠的旁观者

小孟是一个业务员，他的销售技能和业务关系都非常好，因此他的业绩在全公司里是最好的。取得成绩以后，他就开始对别人指手画脚了，尤其是对那些客户服务人员。

本来这些客户服务人员都非常支持小孟的工作，只要是他的客户打来的电话，客服就会马上进行售后服务的。但是小孟后来动辄就说"我给你们的饭碗，没有我你们都要饿死"，要不然就是说这些客服人员的服务不好，他的客户向他投诉等。客服人员对他说的话置之不理，但是却通过行动来与他对抗。

后来，凡是小孟的客户打来的电话，客户服务人员都一拖再拖。最后，这些客户打电话给小孟，并把怒火发到他的身上。由于后继服务不到位，小孟的续单率非常低，原来的客户也都让其他业务员抢走了。

从这个例子可以看出，一个员工的成功肯定有他自己的因素，但绝对不能脱离开企业团队的配合。如果没有强大的团队作为支撑，再有能力的业务员也不可能把销售工作做好。

无论是企业发展，还是个人发展，都不能脱离团队，而且必须有很好的团队合作，才能取得更大的成绩。要知道，团队时代已经来临了。

1914年，托马斯·沃森创办后来闻名于世的IBM公司。他看到当时有些企业内部风气不良，许多资历老的员工欺压新来者，新老员工之间结下仇怨，职工内部很不团结。为了避免因内部不团结而造成生产损失的情况在IBM公司里发生，托马斯·沃森提出了"必须尊重每一个人"的宗旨。

托马斯认为，尊重人就要讲公平，只有平等对待，互相尊重，才能形成团结友爱的氛围。因此，沃森叫人专门制定了工作礼节的自我检查手册，人手一册，随时对照检查。为检查职工是否遵守必要的礼节，他在各个基层中，任命1或2名任期为1年的"礼节委员"。

1964年3月，在纽约的克尤公园发生了一起震惊全美的谋杀案。

在凌晨3点的时候，一位年轻的酒吧女经理被一个杀人狂杀死。作案时间长达半个小时，附近住户中有38人看到女经理被刺的情况或听到女经理反复的呼救声，但没有一个人出来保护她，也没有一个人及时给警察打电话。

事后，美国大小媒体同声谴责纽约人的异化与冷漠。

然而，两位年轻的心理学家——巴利与拉塔内并没有认同这些说法。对于旁观者们的无动于衷，他们认为还有更好的解释。为了证明自己的假设，他们专门为此进行了一项试验。

他们寻找了 72 名不知真相的参与者与一名假扮的癫痫病患者参加试验，让他们以一对一或四对一两种方式，保持远距离联系，相互间只使用对讲机通话。事后的统计数据出现了很有意思的一幕：在交谈过程中，当假病人大呼救命时，在一对一通话的那组，有 85％的人冲出工作间去报告有人发病；而在四个人同时听到假病人呼救的那组，只有 31％的人采取了行动！

通过这个试验，人们对克尤公园现象有了令人信服的社会心理学解释。两位心理学家把它叫做"旁观者介入紧急事态的社会抑制"，更简单地说，就是"旁观者效应"。他们认为：在出现紧急情况时，正是因为有其他的目击者在场，才使得每一位旁观者都无动于衷，旁观者可能更多的是在看其他观察者的反应。

用这个效应再来看一下媒体经常报道的"小孩落水事件"。

旁观者甲本想下水救人，又有些犹豫，他在看其他目击者乙、丙等人的反应。转念一想："这么多人都看到小孩子落水，总会有几位下去救险的，自己就不下去吧。"

犹豫之间，小孩子被水吞没了。居然没人下水，甲不禁心里有些内疚。再一想，要责怪，要内疚，要负责任，也是和乙、丙等数十人分担，没什么大不了的。于是，他走开了。

就这样，一桩桩旁观者众多，却"见死不救"的事件产生了。这种现象产生的原因之一，正在于"旁观者效应"，与人们一般以为的世态炎凉、人心不古之类的社会氛围或看客的冷漠等集体性格缺陷没有太大关系。

如果把拯救酒吧女经理、解救小孩落水当成旁观者的一次合作，那么合作失败的最根本原因就在于"旁观者效应"，众多的旁观者分散了每个人应该负有的解救责任。因此，社会学家认为责任不清是"华盛顿定律"产生的最主要原因。

 **·魔律要点·**

团队合作不是人力的简单相加。人与人的合作，不是人力的简单相加，而是以更加复杂微妙的方式组合在一起。在这种合作中，假定每个人的能力都为1，那么，10个人的合作结果有时比10大得多；有时，甚至比1还要小。因为人不是静止物，而更像方向各异的能量，相互推动时，自然事半功倍；相互抵触时，则一事无成。

邦尼人力定律：内耗是团队管理中"第一杀手"

从前，有两个饥饿的人得到了一位长者的恩赐：一根鱼竿和一篓鲜活硕大的鱼。其中，一个人要了一篓鱼，另一个人要了一根鱼竿，于是他们分道扬镳了。得到鱼的人在原地就用干柴搭起篝火煮起了鱼，他狼吞虎咽，还没有品出鲜鱼的肉香，转瞬间，连鱼带汤就被他吃个精光。不久，他被饿死在空空的鱼篓旁。另一个人则是提着鱼竿继续忍饥挨饿，一步步艰难地向海边走去，可当他已经看到不远处那片蔚蓝色的海洋时，他的最后一点力气也使完了，只能眼巴巴地带着无尽的遗憾撒手人寰。

又有两个饥饿的人，他们同样得到了长者恩赐的一根鱼竿和一篓鱼。只是他们并没有各奔东西，而是商定共同去找大海。他俩每次只煮一条鱼。他们经过遥远的跋涉，来到了海边。从此，两人开始了以捕鱼为生的日子。几年后，他们盖起了房子，有了各自的家庭、子女，有了自己建造的渔船，过上了幸福安康的生活。

在我们传统的管理理论中，对合作研究得并不多。目前的大多数管理制度和行业都是致力于减少人力的无谓消耗，而非利用组织提高人的效能。换言之，不妨说管理的主要目的，不是让每个人做到最好，而是避免内耗过多。21世纪将是一个合作的时代。值得庆幸的是，越来越多的人已经认识到真诚合作的重要性，正在努力学习合作。

可以想一想，一个足球队在进行人员搭配与选择的时候，同一位置上会选择不同技术特点的球员进行搭配。例如前锋的组合，可以有"快－高"组合，可以有"速度－技术"组合等。教练可能会为每个角色配备一个替补队员，但是一般不会让具有相同技术特点的球员同时上场。在此提醒大家，如果你们希望自己可以很好地融入团队，并且在团队中占有相应的位置，就一定要清楚自己可能的角色是什么。

在一次拉绳实验中，先把被试者分成2人组、4人组和8人组，要求各组用尽全力拉绳；然后，要求这些被试者单独用尽全力拉绳。拉绳实验中出现"1+1小于2"的情况说明：有人偷懒！而且越多人在一起干活，偷懒的现象越严重！

这一定律告诉我们：人与人的合作不是人力的简单相加，而要复杂和微妙得多。

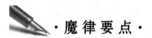

·魔律要点·

一个人一分钟可以挖一个洞，60个人一秒钟却挖不了一个洞。协同和合作产生力量，实现双赢。21世纪是一个合作的时代，人与人之间有效的合作，会减少人力的无谓消耗，避免内耗过多。

木桶定律：让"短木板"变长

"最短的木板"却是组织中有用的一部分，只不过比其他部分差一些，你不能把它们当成烂苹果扔掉。强弱只是相对而言的，无法消除，问题在于你能容忍这种弱点到什么程度。如果严重到成为阻碍工作的瓶颈，你就不得不有所动作。

对于这个理论，初听时你会觉得怀疑：最长的怎么反而不如最短的？继而就会是理解和赞同了：确实！木桶盛水的多少，起决定性作用的不是那块最长的木板，而是那块最短的木板。因为长的板子再长也没有用，水的界面总是与最短的木板平齐的。决定木桶容量大小的竟然不是其中最长的那块木板，而是其中最短的木板！这似乎与常规思维格格不入，然而却被证明是正确的论断。

"木桶理论"可以启发我们思考许多问题，比如企业团队精神建设的重要性。在一个团队里，决定这个团队战斗力强弱的不是那个能力最强、表现最好的人，而恰恰是那个能力最弱、表现最差的落后者。因为，最短的木板对最长的木板起着限制和制约作用，决定了这个团队的战斗力，影响了这个团队的综合实力。也就是说，要想方设法让短板子达到长板子的高度，或者让所有的板子维持"足够高"的相等高度，才能完全发挥团队作用，充分体现团队精神。

华讯公司有一个员工，由于平日里与主管的关系不太好，工作时的一些想法不能被肯定，从而忧心忡忡、兴致不高。刚巧，摩托罗拉公司需要从华讯借调一名技术人员去协助他们搞市场服务。于是，华讯的经理在经过深思熟虑后，决定派这位员工去。这位员工很高兴，觉得自己有了一个施展拳脚的机会。去之前，经理只对那位员工简单交待了几句："出去工作，既代表公司，也代表个人。怎样做，不用我教。如果觉得顶不住了，打个电话回来。"

一个月后，摩托罗拉公司打来电话："你派出的兵还真棒！""我还有更好的呢！"华讯的经理在不忘推销公司的同时，着实松了一口气。这位员工回来后，部门主管也对他另眼相看，他自己也增添了自信。后来，这位员工对华讯的发展做出了不小的贡献。

华讯的例子表明，注意对"短木板"的激励，可以使"短木板"慢慢变长，从而提高企业的总体实力。人力资源管理不能局限于个体的能力和水平，更应把所有的人融合在团队里，科学配置，好钢才能够用在刀刃上。木板的高低与否，有时候不是个人问题，是组织的问题。

"木桶定律"还有三个推论：

其一，只有桶壁上的所有木板都足够高，那木桶才能盛满水；如果这个木桶里有一块木板不够高，木桶里的水就不可能是满的。

其二，比最低木板高的所有木板的高出部分都是没有意义的，高的越多，浪费越大。

其三，要想提高木桶的容量，就应该设法增加最低木板的高度，这是最有效也是唯一的途径。

一个企业要想成为一个结实耐用的木桶，首先要想方设法提高所有板子的长度。只有让所有的板子都维持"足够高"的高度，才能充分体现团队精神，完全发挥团队作用。在这个充满竞争的时代，越来越多的管理者意识到，只要组织里有一个员工的能力较弱，就会影响整个组织达成预期的目标。而要想提高每一个员工的竞争力，并将他们的力量有效地凝聚起来，最好的办法就是对员工进行教育和培训。企业培训是一项有意义而又实实在在的工作，许多著名企业都很重视对员工的培训。

员工培训实质上就是通过培训来增大"木桶"的容量，增强企业的总体实力。而要想提升企业的整体绩效，除了对所有员工进行培训外，更要注重对"短木板"——非明星员工的开发。

在实际工作中，管理者往往更注重对"明星员工"的利用，而忽视对一般员工的利用和开发。如果企业将过多的精力关注于"明星员工"，而忽略了占公司多数的一般员工，会打击整体团队的士气，从而使"明星员工"的才能与团队合作两者间失去平衡。实践证明，超级明星很难服从团队的决定。明星之所以是明星，是因为他们觉得自己和其他人的起点不同，他们需要的是不断提高标准，挑战自己。所以，虽然"明星员工"的光芒很容易看见，但占公司人数绝大多数的非明星员工也需要鼓励。三个臭皮匠，顶个诸葛亮。对非明星员工激励得好，效果可以大大胜过对"明星员工"的激励。

 **·魔律要点·**

一只水桶能装多少水，完全取决于它最短的那块木板。任何一个组织，可能都面临的一个共同问题，即构成组织的各个部分往往是优劣不齐的，而劣势部分往往决定整个组织的水平。

蘑菇管理定律：走出职业中的"蘑菇期"

卡莉·费奥丽娜从斯坦福大学法学院毕业后，第一份工作是在一家地产经纪公司做接线员，她每天的工作就是接电话、打字、复印、整理文件。尽管父母和朋友都表示支持她的选择，但很明显这并不是一个斯坦福毕业生应得的待遇。但她毫无怨言，在简单的工作中积极学习。一次偶然的机会，几个经纪人问她是否还愿意干点别的什么，于是她得到了一次撰写文稿的机会，就是这一次，她的人生从此改变。这位卡莉·费奥丽娜就是惠普公司的前任CEO，被尊称为世界第一女CEO。

一个组织，一般对新进的人员都是一视同仁，从起薪到工作都不会有大的差别。无论你是多么优秀的人才，在刚开始的时候，都只能从最简单的事情做起。"蘑菇"的经历，对于成长中的年轻人来说，就像蚕茧，是羽化前必须经历的一步。所以，如何高效率地走过生命的这一段，从中尽可能多地汲取经验，成熟起来，并树立良好的值得信赖的个人形象，是每个刚步入社会的年轻人必须面对的课题。

很多大学生刚走出校园时都抱着很高的期望，认为自己应该得到重用，应该得到丰厚的报酬，工资成了衡量自己价值的唯一标准。一旦得不到重用，工资达不到预期，在校园编织的梦想就会彻底破灭。这时就容易失去信心，失去工作的热情，进而消极地对待工作。所以，调整心态就显得特别重要。

初入社会的人为了获得上司和同事的注意，急于表现，会发表轻率的言论。

这不但不能引起人们的注意，相反还会引起老员工的反感，留下夸夸其谈、不知轻重的印象。要知道，蘑菇出世没有人会刻意注意，相反在磨掉棱角、适应社会，在最单调的工作中学习，认真对待每一件事情，多做事少抱怨，主动学习，主动工作，在不被人注意的时候每天都激励自己，才能有所作为。

绝大多数人都要经历"蘑菇"的萌发过程。但是，萌发的时间过长，就会被人认为是无能者。所以，要善于表现自己，寻找机会脱颖而出。要找到自己的定位，选择自己的道路。在组织中，把忠于集体放在首位，通过坚持不懈的努力，终将获得成功。

众所周知，在西方的那些世界级大公司里，管理人员都要从基层小事做起。就连老板自己的儿子要接班，也得从基层做起。这些情况主要是出于以下几点考虑：从基层干起，才能了解企业的生产经营的整体运作情况，在日后工作中方能得心应手；从基层干起，有利于积累经验、诚信和人气，这是实现成功相当重要的不可缺少的要素；从基层干起，可让员工经受艰苦的磨砺和考验，体验不同岗位乃至于人生奋斗的艰辛，更加懂得珍惜，企业也便于从中发现人才、培养人才、重视人才。所以说，"蘑菇"的经历对年轻人来说，是成长必经的一步。如何快速高效地走出职业生涯中的最初那段"蘑菇期"，为日后积累工作经验和人生阅历，是每个经过十几年寒窗苦读而踏入社会的年轻人必须面对的问题。下面的这些建议，对于职场新人快速走出"蘑菇期"是有所裨益的。

新进一个公司，许多工作事宜必须得到他人的教导。比如，有关业务的操作、票据的填制等，都必须认真学习。这是一个为了自我成长而努力学习的阶段。新进员工本身的工作态度和举动，也会影响到资深同仁对你的印象，这点必须留意。如果新进人员能够自爱，经常以积极、谦虚的态度来请教他人，人家必然乐于倾囊相助。新进人员除了学习资深同仁的工作方法之外，还要学习如何与同仁和谐共事，以体会团队精神的精髓所在。

谦逊、低调、不出风头，时刻以大局为重，这都是令人终生受益的美德。一个低调、谦虚、不骄不躁的人，才是团队中真正受到欢迎的人。这样的员工通常都有过人的能力，是我们学习的榜样。

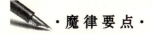 **·魔律要点·**

蘑菇管理是许多组织对待初出茅庐者的一种管理方法。他们被置于阴暗的角落，承受批评指责，甚至代人受过，得不到必要的指导和提携，任其自生自灭。相信很多人都有过这样一段"蘑菇"的经历，这不一定是什么坏事。尤其是在一切刚刚开始的时候，当几天蘑菇，能够消除我们很多不切实际的幻想，让我们更加接近现实，看问题也更加实际。

奥卡姆剃刀定律：复杂的事情简单做

英国物理学家胡克比牛顿更早提出引力观念。在他那里，引力是无法证明的，庞杂得"多"；而牛顿把这一切都剃掉了，只留下了"一个苹果掉在地上"这样一个最简单的事实，并以此作为科学推动的初始点，发现了万有引力定律。

复杂的事情往往可通过最简单的途径解决。200多年后，爱因斯坦剃掉了长在牛顿头上的"荒草"，用单纯的演绎法建立新的科学体系。他们的共同特点是：将复杂的对象剃成最简单的对象，然后再着手解决问题。

复杂性法则的欠缺是：增加实现目标的成本、错误或时间的可能性。

所有人类活动都有一种本能倾向，即增加活动过程的复杂性。但是，人类活动在各领域中的所有进步都来自于简化过程。

在实现目标的过程中，你必须随时留心能够减少步骤的方法，必须对任何复杂的过程感觉非常灵敏，因为潜在的时间、成本和失误次数的代价成本可能非常大。必须要简化、简化、再简化。简化你的工作和生活：突出重点，改善技能，授权，外包；学会舍弃，以高速度和低成本实现你的目标。

某国家捐赠了两只袋鼠给新西兰的一个动物园。为了好好哺育繁殖更多的袋鼠，园方咨询了动物专家，然后耗资兴建了一个既舒适又宽敞的围场。同时，在围场周园方筑了1米高的篱笆，以免袋鼠跳出去逃走。奇怪的是，第二天早上，动物管理员发现两只袋鼠在围场外吃着青草。刚开始，园方以为是篱笆不够牢固，但是他们围绕着篱笆找了一圈，也没看见有别的出口。后来他们又认为篱笆的高度过低，所以将篱笆加高了0.5米，心想这下没问题了吧。但是，第三天早上又看见袋鼠们在围场外悠闲地吃草。管理员十分纳闷，只好再建议园方将篱笆增高到2米。但让管理员吃惊的是，第四天早上，袋鼠仍旧跑到篱笆外去了。

园方百思不得其解。这时，隔壁围场的长颈鹿忍不住问其中一只袋鼠："你猜他们明天还会把篱笆加高多少？"

袋鼠笑着回答说："这很难说，如果他们还是忘记关上篱笆门的话！"

世界上许多事原本都很简单，却因为人们复杂的思维模式而变得复杂。管理一个企业原本已经很复杂了，但还有许多管理者有意无意地给自己设置许多"圈套"。他们和这些复杂问题不断斗争，并且依据最新的管理理论用一些他自己也不明确的方法来解决问题。实际上，解决这些复杂的问题，最好的方法就是运用简单思维。

20世纪初叶，亨利·福特将亚当·斯密的"劳动分工理论"和弗雷德里克·泰勒的"制度化管理理论"，用于福特公司的汽车生产上，形成了汽车流水作业线和金字塔式的组织结构。在当时来讲，这种精细分工和层层上报的结构模式，是有利于提高效率和加强部门管理的。

当时工人素质低、劳动力廉价，且技术水平有限，把企业的经营过程分解为最简单、最基本的工序，能够使员工只需重复一种简单工作，从而大大提高了工作质量和效率。

但是，为了把企业内部各部门、各环节衔接起来，福特公司需要许多管理人员，作为组织管理的信息存储器、协调器和监控器。于是，人事负担就成为了难以承受的重负。此外，在执行任务时，各部门都从本部门的实际利益出发，这就不可避免地存在本位主义和相互推托的现象。这些都是不增值的环节，也造成了经营过程的运作成本较高。

由于复杂化管理，导致福特公司的组织机构臃肿，官僚作风严重，工作效率大大降低，危机在悄悄逼近。

到了20世纪90年代初，福特汽车公司位于北美的应付账款部，就有500多名员工，他们负责审核并签发供应商供货账单的应付款项。按照传统的观念，这么大一家汽车公司，业务量如此庞大，有500多个员工处理应付款是非常合理的。但日本马自达汽车公司负责应付账款工作的却只有5个职员。这个5∶500的比率，让福特公司经理再也无法泰然处之了。福特公司迫于形势开始进行流程重组，完全改变应付账款部的工作和应付账款部本身。重组后应付账款部只有125人，仅为原来的25%，这意味着节约了75%的人力资源。

复杂只会扼杀效率，这是必然的。企业的准则和制度如果过于复杂，员工在完成一项任务时，就必须拿出很多额外的时间去应付那些毫无意义的请示、解释，就必须花更多的精力去删繁就简，琢磨复杂化背后隐藏的主旨。所以，只有去掉复杂，才能避免员工徘徊、摆动，避免企业的失败。

 **·魔律要点·**

14 世纪，英国奥卡姆主张"唯名论"，只承认确实存在的东西，认为那些空洞无物的普遍性概念都是无用的累赘，应当被无情地"剃除"。他主张"如无必要，勿增实体"。

奥卡姆剃刀定律在企业管理中可进一步演化为简单与复杂定律：把事情变复杂很简单，把事情变简单很复杂。这个定律要求，在处理事情时，要把握事情的主要实质，把握主流，解决最根本的问题，尤其要顺应自然，不要把事情人为地复杂化，这样才能把事情处理好。

当管理中面临某个难题的时候，考量"什么是解决这个问题，实现这个目标最简单、最直接的方法"，你可能会发现一个简便的方法，为你实现同一个目标节约了大量的时间和金钱。

赫勒定律：没有有效的监督，就没有工作的动力

美国著名快餐大王肯德基国际公司的连锁店遍布全球 60 多个国家和地区，总数多达 9900 多个。然而，肯德基国际公司在万里之外，又怎么能相信它的下属能循规蹈矩呢？

一次，某城市肯德基有限公司收到了 3 份总公司寄来的鉴定书，对他们某快餐厅的工作质量分 3 次鉴定评分，分别为 83、85、88 分。公司中外方经理都为之瞠目结舌，这三个分数是怎么评定的？原来，肯德基国际公司雇佣、培训一批人，让他们佯装顾客潜入店内进行检查评分。这些"特殊顾客"来无影，去无踪，这就使快餐厅经理、雇员时时感到某种压力，丝毫不敢疏忽。

很多企业，员工与老板经常打游击战。当老板在的时候，就装模作样，表现得很卖力，似乎是位再称职不过的员工了；而等老板前脚刚走，员工就在办公室里大闹天宫了。很多老板，会在这个时候杀个回马枪，就能刚好逮个正着。不过，这也不是个长期办法，老板也没有这么多精力去跟员工玩游击战。

做一次自我检查容易，难就难在时时进行自我反省，时时给自己一点压力、一点提醒。公司管理者就需要充当这个提醒者，时时给员工一点压力、一点动力，以保持员工不懈的进取心。经理的最大考验，不在于经理的工作成效，而在于经理不在时员工的工作时效。

海尔集团的成功与其高效的监督管理机制密不可分。海尔集团建立了较为严格的监督控制机制，任何在职人员都需要接受三种监督，即自检（自我约束和监督）、互检（所在团队或班组内互相约束和监督）、专检（业绩考核部门的监督）。干部的考核指标分为五项：一是自清管理，二是创新意识及发现、解决问题的能力，三是市场的美誉度，四是个人的财务控制能力，五是所负责企业的经营状况。这五项指标赋予不同的权重，最后得出评价分数。每月考评，工作没有失误但也没有起色的干部也将被归入批评之列，这使在职的干部随时都有压力。海尔生产车间里通常有一个 S 形的大脚印，每天下班时，班组长工作总结，当天表现不好的职工都要当着大家的面站在 S 形的大脚印上。

在这种严格的监控机制下，海尔员工的积极性和主动性都得到了最好的发挥，人人争当最好。同时，海尔建立了一套较为完善的激励机制，包括责任激励、目标激励、荣誉激励、物质激励等。这对于处处感受到压力的海尔员工来说，无疑是一种心理调节器。监督和激励的良性循环使海尔不断从成功走向成功，最终使"海尔"成为了世界知名品牌。

有效的激励机制能大大加强员工工作的主动性和热情，从而建立一种有效的监督机制，是让你的员工"动"起来的一个重要因素。

 ·魔律要点·

英国管理学家 H.赫勒提出：当人们知道自己的工作成绩有人检查的时候，会加倍努力。

从本质上来说，人都是有惰性的。没有有效的监督，就没有工作的动力。管理之所以成为必要，一部分原因也就在于此。管理的主体是人，客体也是人，要真正实现调动员工的工作热情，提高员工的工作积极性，就要良好地运用你手中的激励和监督机制，调动好你的指挥棒。

刺猬定律：离不开的"安全距离"

刺猬理论强调的是人际交往中的"心理距离效应"。运用到管理实践中，是领导者如要搞好工作，应该与下属保持亲密关系。但应是"亲密有间"的关系，是一种不远不近的恰当的合作关系。与下属保持心理距离，可以避免下属的防备和紧张，可以减少下属对自己的恭维、奉承、送礼、行贿等行为，可以防止与下属称兄道弟、吃喝不分的情况。这样做，既可以获得下属的尊重，又能保证在工作中不丧失原则。一个优秀的领导者和管理者，要做到"疏者密之，密者疏之"，这才是成功之道。

法国总统戴高乐就是一个很会运用刺猬理论的人。他有一个座右铭："保持一定的距离！"这也深刻地影响了他和顾问、智囊及参谋们之间的关系。在他十多年的总统岁月里，他的秘书处、办公厅和私人参谋部等顾问和智囊机构，没有什么人的工作年限能超过两年以上。他对新上任的办公厅主任总是这样说："我使用你两年，正如人们不能以参谋部的工作作为自己的职业，你也不能以办公厅主任作为自己的职业。"这就是戴高乐的规定。

这一规定出于两方面原因：一是在他看来，调动是正常的，而固定是不正常的。这是受军队做法的影响，因为军队是流动的，没有始终固定在一个地方的军队。二是他不想让"这些人"变成他"离不开的人"。这表明戴高乐是一个主要靠自己的思维和决断而生存的领袖，他不容许身边有永远离不开的人。只有调动，才能保持一定距离，而唯有保持一定的距离，才能保证顾问和参谋的思维和决断具有新鲜感和充满朝气，也就可以杜绝年长日久后顾问和参谋们利用总统和政府的名义营私舞弊。

没有距离感，领导决策过分依赖秘书或某几个人，容易使智囊人员干政，进而使这些人假借领导名义，谋一己之私利，最后拉领导下水，后果是很危险的。两相比较，还是保持一定距离好。

通用电气公司的前总裁斯通在工作中就很注意实践刺猬理论，尤其在对待中高层管理者上更是如此。在工作场合和待遇问题上，斯通从不吝啬对管理者们的关爱；但在工作的闲余时间，他从不邀请管理人员到家里做客，也从不接受他们的邀请。正是这种保持适度距离的管理，使得通用的各项业务能够芝麻开花节节高。

164

与员工保持一定的距离，既不会使你高高在上，也不会使你与员工互相混淆身份。这是管理的一种最佳状态。距离的保持靠一定的原则来维持，这种原则对所有人都一视同仁：既可以约束领导者自己，也可以约束员工。掌握了这个原则，也就掌握了成功管理的秘诀。

同样，企业间的合作也要保持适当的距离。同一行业，不同企业的合作越来越受到人们的重视。因为通过合作，企业可胜于无形，获得各种好处：分摊生产成本，利用优势互补，降低经营风险等。但是合作也要讲究一定的原则，也要注意保持合作距离。

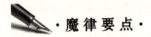 **·魔律要点·**

"刺猬"理论说的是这样一个故事：两只困倦的刺猬，由于寒冷而拥在一起，可因为各自身上都长着刺，刺得对方怎么也睡不舒服。于是它们离开了一段距离，但又冷得受不了，于是又凑到一起。几经折腾，两只刺猬终于找到一个合适的距离：既能互相获得对方的温度又不至于被扎。

刺猬理论直接取材于这个故事：刺猬在天冷时彼此靠拢取暖，但保持一定距离，以免互相刺伤。人与人之间的交往也应该像刺猬一样保持适当的距离。

鲦鱼效应定律：惯性思维的魔鬼法则

在一次世界优秀指挥家大赛的决赛中，小泽征尔按照评委会给的乐谱指挥演奏，敏锐地发现了不和谐的音符。起初，他以为是乐队演奏出了错误，就停下来重新演奏，但还是不对。他觉得乐谱有问题。这时，在场的作曲家和评委会的权威人士坚持说乐谱绝对没有问题，是他错了。面对一大批音乐大师和权威人士，他思考再三，最后斩钉截铁地大声说："不！一定是乐谱错了！"话音刚落，评委席上的评委们立即站起来，报以热烈的掌声，祝贺他大赛夺魁。

原来，这是评委们精心设计的"圈套"，以此来检验指挥家在发现乐谱错误并遭到权威人士"否定"的情况下，能否坚持自己的正确主张。前两位参加比赛的指挥家虽然也发现了错误，但终因随声附和权威们的意见而被淘汰。而小泽征尔却因充满自信而摘取了世界指挥家大赛的桂冠。

从众就是指由于群体的引导或施加的压力而使个人的行为朝着与群体里大多数人一致的方向变化的现象。用通俗的话说，从众就是"随大流"。虽然我们每个人都标榜自己有个性，但很多时候，我们却不得不放弃自己的个性去"随大流"，因为我们每个人都不可能对任何事情都了解得一清二楚，对于那些自己不太了解，没有把握的事情，我们一般都会采取"随大流"的做法。

社会心理学家研究发现，持某种意见的人数的多少是影响从众的最重要的一个因素，"人多"本身就是很具说服力的一个证明；很少有人能够在众口一词的情况下，还坚持自己的不同意见。

在你迈出自己的脚步之前，先提醒自己一下：不要盲从！曾经看过一个电视节目，一群羊被头羊领着走进冰雪覆盖着的雪窟窿，结果所有的羊都冻死、饿死在里面。我当时还想，动物真笨，看到前面掉下去了，后面的停下来不就行了吗？现在发现人并不比动物更聪明。

这件事给我们的启示就是：在生活和工作中，第一，要选对领导，如果我们追随别人，一定要确定被追随者是值得信赖的，否则就会陷入困境；第二，当我们发现领导有错误时，一定要及时提醒，防止错误的发生，不能盲目跟从；第三，我们一定要保持自己独立的判断。当你想走自己的路时，不要因为别人或者碍于面子放弃自己的主见和追求。坚持自己，即使错了也不会后悔，因为是自己的选择，所以无怨无悔。

其实，我们每天都在追随着无数的东西：别人上大学，我们也上大学；别人出国，我们也出国；别人学电脑，我们也学电脑；别人学英语，我们也学英语；别人喝可乐，我们也喝可乐；别人打游戏，我们也打游戏……在这个趣味不断变化、各种潮流涌动的时代，我们有时会不假思考地追随着别人，浪费自己的精力、时间和生命。希望我们能在做事情之前，冷静思考一下其中的意义。其实认真做好一件事情，比追随一百次的潮流更能获得生命的本质。

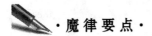

·魔律要点·

德国动物学家霍斯特发现了一个有趣的现象：鲦鱼因个体弱小而常常群居，并以强健者为自然首领。然而，如果将一条较为强健的鲦鱼脑后控制行为的部分割除，此鱼便会失去自制力，行动也会发生紊乱，但是其他鲦鱼却仍像从前一样盲目追随！

权威暗示效应定律：你有权利向权威挑战

一位化学教师告诉学生，来做测验一瓶臭气传播速度的实验。他打开瓶盖 15 秒后，前排学生即举手，称自己闻到臭气，而后排的人则陆续举手，纷纷称自己也已闻到。其实瓶中什么也没有。

生物学家巴甫洛夫认为，暗示是人类最简单、最典型的条件反射。暗示效应是指在无对抗的条件下，用含蓄、抽象诱导的间接方法对人们的心理和行为产生影响，从而使人们按照一定的方式去行动或接受一定的意见，使其思想、行为与暗示者期望的相符合。这种效应的产生常常与暗示者的权威程度有关。

2005 年 1 月 1 日，全球实现纺织品贸易自由化。然而，随之而来的却是欧盟与美国对华纺织品的一次次设限和动辄援引专门针对中国的"WT0 特别保护条款"。中国的许多纺织企业一时间被这种始料不及的打击砸晕了，大量的货物积压使得它们遭遇了如海啸一样的灾难。其中浙江雄狮集团是一个经过几十年发展的大型集团公司。到 2000 年时，它已拥有 1000 多名职工，年营业额达到了 1. 2 亿元。在经过纺织品贸易打击后，仅仅因为银行要收回 400 万贷款，雄狮集团就彻底倒下了。

其实，与其说是欧盟与美国的设限和"特保"害了诸多的中国纺织企业，不如说是"权威"暗示把它们推到了这样的艰难处境。在"中国入世和纺织品贸易配额取消后，中国将成为最大的受惠国"的"权威"暗示下，他们都以为 2005 年 1 月 1 日欧美放开纺织品贸易的那一刻，将是中国纺织品在欧美畅行无阻的时刻。于是，几乎所有的纺织企业都在不顾后果地疯狂扩军。它们显然忘了要进一步去分析问题：由于各方普遍认为中国将会是纺织品贸易一体化的最大受惠国，所以中国必然成为新一轮贸易保护主义的首要打击对象。

人常常会迷失自我，受到周围信息的暗示，并把他人的言行作为自己行动的参照。在某些情况下，人们还会因为"权威暗示效应"的影响而做出倾向于权威的错误判断。在管理者或权威人士的暗示下，判断和评估者很容易接受他们的看法而改变自己原有的看法，这样就可能造成评估误差的暗示效应。应该清醒地认识到，权威虽然在某一领域里获得了超于常人的知识或成就，但也不总是完全正确的。人们应当对自己的判断有信心，并且在某些情况下坚持自己的判断。

"权威暗示效应"的普遍存在，首先是人们认为权威人物往往是正确的楷模，服从他们会使自己具备安全感，增加不会出错的"保险系数"；其次，由于人们的"赞许心理"，即人们总认为权威人物的要求往往和社会规范相一致，按照权威人物的要求去做，会得到各方面的赞许和奖励。在教学尤其是课堂管理过程中，教师对学生而言是"权威人物"，不论是专业知识还是人生阅历都有绝对的优势。充分利用这一优势，在学生中确立自己的权威，充分发挥"权威效应"，从而使自己的教学理念贯彻得畅通无阻并有效地执行。但"权威效应"不能滥用，须知"千里之堤溃于蚁穴"，一些容易忽略的细节，不当的言行，会逐渐地削减树立的威信。"权威效应"有用，但须慎用，更忌滥用。

要区分权威效应与名人效应的实质区别。权威效应是借助权威的名声、势力，推动式地推行、强化或拔高某种事物；而名人效应是人们效仿名人、追逐名人的心理倾向。二者有着作用方向的差异，也有作用力的不同。

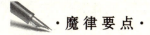

·魔律要点·

权威之所以是权威，在于权威在某一方面有着强势的影响力和话语权。但权威不是"上帝"，不是"放之四海而皆准"的真理。面对权威，我们可以尊敬，可以看重，但必须要保持自己独立的观察和思考，必须因时、因地、因人进行分析和辨别；否则，就会在"权威暗示"下彻底丧失自我，失去自主的思维能力。

奥格尔维定律：一流的人才，才能造就一流的公司

奥格尔维法则来源于这样一个故事：

美国奥格尔维·马瑟公司总裁奥格尔维召开了一次董事会。在会议桌上，每个与会的董事面前都摆了一个相同的玩具娃娃。董事们面面相觑，不知何故。奥格尔维说："大家打开看看吧，那就是你们自己!"于是，他们一一把娃娃打开来看，结果出现的是：大娃娃里有个中娃娃，中娃娃里有个小娃娃。他们继续打开，里面的娃娃一个比一个小。当他们打开最里面的玩具娃娃时，看到了一张奥格尔维题了字的小纸条。纸条上写的是："如果你经常雇用比你弱小的人，将来我们就会变成矮人国，变成一家侏儒公司。相反，如果你每次都雇用比你高大的人，日后我们必定成为一家巨人公司。"前一句话与从大娃娃到中娃娃再到小娃娃的次序吻合，后一句话与从小娃娃到中娃娃再到大娃娃的次序吻合，这些聪明的董事一看就明白了。这件事给每一位董事都

留下了很深的印象，在以后的岁月里，他们都尽力任用有专长的人才。

美国钢铁大王卡内基的墓碑上刻着："一位知道选用比他本人能力更强的人来为他工作的人安息在这里。"卡内基之所以成为钢铁大王，并非由于他本人有什么了不起的能力，而是因为他敢用比自己强的人，同时还能看到并发挥他们的长处。

齐瓦勃本来只是卡内基钢铁公司下属布拉德钢铁厂的一位工程师，卡内基在知道了齐瓦勃有超人的工作热情和杰出的管理才能后，马上提拔他当上了布拉德钢铁厂的厂长。正因为有了齐瓦勃管理下的这个工厂，卡内基才敢说："什么时候我想占领市场，市场就是我的。因为我能造出又便宜又好的钢材。"几年后，表现出众的齐瓦勃又被卡内基任命为钢铁公司的董事长，成为了卡内基钢铁公司的灵魂人物。

齐瓦勃担任董事长的第七年，当时控制着美国铁路命脉的大财阀摩根，提出与卡内基联合经营钢铁。一天，卡内基递给齐瓦勃一份清单说："按上面的条件，你去与摩根谈联合的事宜。"齐瓦勃接过来看了看，对卡内基说："你有最后的决定权，但我想告诉你，按这些条件去谈，摩根肯定乐于接受，但你将损失一大笔钱。看来你对这件事没有我调查得详细。"经过分析，卡内基承认自己过高地估计了摩根，于是全权委托齐瓦勃与摩根谈判，终于取得了对卡内基有绝对优势的联合条件。

卡内基曾说过："把我的厂房、机器、资金全部拿走，只要留下我的人，4 年以后又是一个钢铁大王。"卡内基靠的什么，靠用人！到 20 世纪初，卡内基钢铁公司已成为世界上最大的钢铁企业。它拥有 2 万多员工以及世界上最先进的设备，它的年产量超过了英国全国的钢铁产量，它的年收益额达 4000 万美元。卡内基是公司的最大股东，但他并不担任董事长、总经理之类的职务。他的成功在很大程度上取决于他任用了一批懂技术、懂管理的人才。

华尔街的大富豪 J.P.摩根也是一位敢用强过自己的人作为左膀右臂的典范。

比摩根小 10 岁的萨缪尔·斯宾塞是个土生土长的南方美国人，十分精明强干。大学毕业后，斯宾塞进入巴尔的摩－俄亥俄铁路。由于他非凡的才能，立即担任了总裁室的特别助理，此后平步青云。不久，被提升为副总裁。恰巧此时，这条铁路由于赤字濒临破产，斯宾塞临危受命负责使这条铁路起死回生，他的卓越管理才能在这一过程中得到了最充分的发挥。

很快，作为公司财产主要接管人的摩根就发现了斯宾塞在经营与管理方面的过人之处，他觉得斯宾塞在某些方面甚至超过了自己。对于求才若渴的摩根来说，他最大的爱好就是发现人才、任用人才，因此他绝不会放过任何一个人才。由于很欣赏斯宾塞的才华，摩根擢升他为总裁，而斯宾塞也没有辜负摩根的一番美意，顺利地偿还了 800 万美元的债务。因此，也更加博得摩根的青睐，斯宾塞最终成为了摩根的左膀右臂之一。

若想使公司充满生机活力，必须选贤任能，雇请一流人才；而不能武大郎开店，害怕对方超过自己。用一流的人才，才能造就一流的公司。其实，敢用比自己强的能人不仅是一个肚量问题，也是一个信心与能力的问题。楚汉相争中，不会打仗的刘邦能得天下，是因为他有张良的谋略，萧何的内助，韩信的善战。卖草鞋的刘备能在三国鼎立中独占一席，是因为三顾茅庐请得诸葛亮出山相助。对一个企业领导者来说，即使自己不是一流人才，只要能知人善任，企业就不愁不能发展壮大。

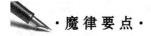 **·魔律要点·**

奥格尔维定律由美国奥格尔维·马瑟公司总裁奥格尔维提出。每个人都雇用比

我们自己更强的人，我们就能成为巨人公司，如果你所用的人都比你差，那么他们就只能做出比你更差的事情。

奥格尔维法则强调的是人才的重要性。一个好的公司固然是因为它有好的产品，有好的硬件设施，有雄厚的财力作为支撑；但最重要的还是要有优秀的人才。光有财、物，并不能带来任何新的变化，只有拥有大批优秀人才，才是最重要、最根本的。

皮尔卡丹定律：人员组合的游戏

20世纪70年代中期，西武集团在加拿大多伦多创建了一家王子酒店，是一家大型五星级酒店。对于这样一家豪华酒店，必然要有一个强有力的领导班子。委派谁去管理，无疑是一个重要问题。堤义明经过长时间考虑，决定从集团本部的三个部门各抽一名部长分别担任王子酒店的会长、社长和常务董事。

这三名部下，都是各自部门里独当一面的重量级人物，在西武可谓身经百战、屡建奇功。堤义明一向对他们相当器重。西武化学社社长森田重光有些不以为然。森田重光直言不讳地说："我认为您将那三人派到多伦多去经营王子酒店是完全不合适的。"

森田重光说："正是由于他们三个都是杰出的人才，所以我才觉得他们不合适。恕我直言，社长先生，您没注意到如何搭配他们，他们不但不能同心协力共同发挥作用，反而可能互相拆台，最终不可收拾。您知道，这三人都是集团三个部门的领导，一向在自己的业务范围内自己做主，他们最大的优点是有很强的创造性，缺点则是比较自以为是，拙于合作和协调。而现在您将他们三人绑在一起，就好像是三匹骏马各自都可以驰骋千里，追风逐月，但如果是把它们绑在一起去拉车，它们肯定还不如三条愚笨的牛管用。"

森田重光的话没有改变堤义明的决定，西武三虎将如期去了加拿大。

两月后，多伦多酒店亏损的情况不断传来。堤义明这才觉得森田重光的预言是何等正确。堤义明立即召开集团高层会议，这次会议的中心议题就是更换多伦多酒店管理人员。

多伦多王子酒店原社长被调回国内任另一家酒店社长。多伦多王子酒店新社长则由原来的会长出任，原常务董事则出任会长一职。

同样是两个月后，两家酒店的生意都空前兴隆，营业额提高了 1.5 倍。

由此可见，如果在用人中组合失当，则会丧失整体优势；安排得宜，才能成就最佳配置。香港富豪李嘉诚的两个儿子长大成人后，性格沉稳、作风踏实的长子李泽矩被立为长江实业集团新掌门人，同时让崇尚自由创新和喜欢作秀的次子李泽楷另创 TOM.COM 事业。

2001 年 3 月，联想集团宣布"联想电脑"、"神州数码"战略分拆，进入到资本分拆的最后阶段。同年 6 月，神州数码在香港上市。分拆之后，联想电脑由杨元庆接过帅旗，继承自有品牌，主攻 PC 硬件生产销售；神州数码则由郭为领军，另创品牌，主营系统集成、代理产品分销、网络产品制造。至此，联想接班人问题以喜剧方式尘埃落定，深负孚众望的"双少帅"一个握有联想的现在，一个开拓联想的未来。

美国的迈克斯那公司，是一个相对较小的工业公司。公司在创建初期只有迈克和他的妻子，由于策略灵活，再加上夫妻俩的共同努力，使得公司的业务很快就上了轨道。随着公司一步步壮大，迈克又招聘了两个人，一个帮他打理业务，另一个代妻子管理办公事宜。两年来，相安无事，公司的业务也在蒸蒸日上。

随着业务的发展，公司扩大了，他们买了一栋楼，正式设立了许多部门，精英也越来越多。但是，迈克却再也感觉不到以前的快乐了。以前只需一个星期就能完成的工作，现在却经常需要花上半个月；以前大家互相帮助，现在却钩心斗角……在他的团队里，员工们总会认为其他人没为公司付出，认为其他人偷懒，就减少了自己的努力，但迈克却对此视而不见。最后，团队的问题日益严重，销售与客服部门之间难以协调，居然出现了客户调换产品需要等三个月的事情。企业的利润当然也就大幅度滑坡。

迈克斯那公司的事例说明，简单地把优秀人才拼凑在一起，并不能组成优秀的团队。优秀的团队，是需要恰当的组合的。合适的组合才能使团队的工作效率更高，变成最优秀的团队。

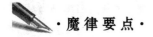 ·魔律要点·

法国著名企业家皮尔·卡丹提出：在用人上，一加一不等于二，搞不好等于零。

对一个管理者来说，不但要做到知人，为企业网罗到尽可能多的人才；还要善任，让每个优秀的人才都能找到适合他的位置。只有这样，才能使人的才能得到最大限度的发挥，使人力资源得到最佳的配置，从而产生一加一大于二的效果。

德尼摩定律：知人善任才能成就事业

日本东芝株式会社致力于推行"适才所用"的用人路线，在企业内部实行内部招聘，让职员申报最能发挥自己专长的职位。公司以最大的努力实现职员的要求，使职员各得其所。在此基础上，公司要求职工人人挑重担，"谁能拿得起100公斤就交给他120公斤的东西"。公司认为只要用人所长，就能发挥其最大的聪明才智，就能挑起更重的担子。正是这种按人才的不同特长进行工作分配的做法，使东芝公司做到了人尽其才，才尽其用。

汽车大王福特能取得成功，也和他注意招揽人才，并善于根据人才的特点和要求，让他们发挥最大作用的做法密切相关。

广告设计师佩尔蒂埃在产品的营销方面有相当的天赋，而且迫切需要有一个可以一展才华的机会。福特发现了这一点，让他负责T型汽车的营销策划，最终取得了巨大的成功。

负责福特汽车推销的库兹恩斯是一个优点和缺点都很突出的人。他虚荣、自私、性情粗暴，却又聪明能干、善于交际、处事果断；他对汽车业的经营有着丰富的阅历和经验，精力充沛，工作热忱，雄心勃勃。旧主不识良骥，未予重用，而福特却用其所长，视为臂膀，委以重任。结果，库兹恩斯独创了一种推销方式，轻而易举地在各地建立了经销点。

由于每个人都能在公司找到最适当的位置，福特公司的生产面貌焕然一新。到1913年，几乎全国每千人以上的小镇至少有一家福特车的代销点，以致 1913 年福特厂虽然以每三分钟一辆的速度出车，却仍然有十几万辆的订货单无法供货。到 1920 年 2 月 7 日，福特公司下属汽车厂创造了每分钟生产一辆汽车的纪录。到 1925 年 10 月 30 日，甚至创造了 10 秒钟出一辆汽车的世界纪录，使福特公司达到了登峰造极的地步，为当时的同行所望尘莫及。

福特的成功，得益于他能根据不同人才的特点和愿望，为他们找到最合适的位置。通过人员的合理配置，形成了人才的互补效应。

作为一家航空公司，对员工的最重要要求就是热情、真诚且富有幽默感。西南航空公司看重的就是这一点。它在招聘员工的过程中没有什么条条框框，招聘工作看起来更像好莱坞挑选演员。第一轮是集体面试，每一个求职者都被要求站起来讲述自己最尴尬的时刻。这些未来的员工，由乘务员、地面站控制员、管理者甚至是顾客组成的面试小组进行评估。西南航空公司让顾客参与招聘面试基于两个认识：顾客最有能力判别谁将会成为优秀乘务员；顾客最有能力培养有潜力的乘务员成为顾客想要的乘务员。

接下来是对通过第一轮面试者进行深度的个人访谈。在访谈中，招聘人员会试图去发现应聘人员是否具备一些特定的心理素质，这些特定的心理素质是西南航空公司通过研究最成功的和最不成功的乘务人员时发现的。

新聘用的员工要经过一年的试用期。在这段时间里，管理人员和新员工有足够的时间来判断他们是否真正适合这个公司。西南航空公司鼓励监督人员和管理人员充分利用这一年的试用期或评估期，将那些不适合在公司工作的人员解雇掉。但是有趣的是，西南航空公司很少解雇员工。因为在这些员工被告知之前，已经知道自己与周围的环境格格不入而主动走人。

正是通过这样的选人策略，保证了西南航空公司员工具有高水准的服务水平，从而创下了连续 20 多年赢利的骄人业绩。

个人英雄年代走到了尽头，团队时代紧跟着市场经济的步伐，在愈演愈烈的竞争中，作用越来越重要，越来越突出。团队管理，特别是高效团队管理，变得越来越急迫。谁拥有高效的管理团队、执行团队，谁就是战场的常胜将军。

 ·魔律要点·

英国管理学家德尼摩主张：凡事都应有一个可安置的所在，一切都应在它该在的地方。

每个人，都有一个最适合他的位置。在这个位置上，他能发挥最大的功效。知人善任才能成就事业。

对个人来说，这个定律告诉你：应在多种可供选择的奋斗目标及价值观中挑选一种，然后为之奋斗。这样才可能激发出热情和积极性，也才可以心安理得。"选择你所爱的，爱你所选择的"，道理也正在于此。

Part 6
万变世界绝对不变的创业魔律

失败通常被认为是一种不幸。其实不然，强者的眼中没有失败，失败只是暂时的不成功。持续的坚持和不灭的信念，以及永恒的专一，是像柳传志、马云、史玉柱、王健林、俞敏洪、潘石屹一样的商界巨子无言的遵守。

多米诺效应：一日的荒废，可能是一生荒废的开始

"多米诺"成为一种国际性术语。不论是在政治、军事还是商业领域中，只要产生一倒百倒的连锁反应，人们就把它们称为"多米诺效应"或"多米诺现象"。

安然、安达信、环球电讯、世界通信、宝丽来、凯马特、基尔希、菲亚特、施乐、维旺迪……

这是一份可怕的名单。没有人知道这份名单还会延续多长。

安然公司，曾经在《财富》500 强中名列第七，拥有近 500 亿美元的资产。所以，当安然公司在 2001 年 12 月 3 日申请破产保护时，它无疑成为美国有史以来最大的破产案。刚开始，人们根本预见不到这个大家伙的猝死会造成什么后果，媒体仅仅津津乐道于安然的难逃一死。然而，随后在安然公司发现的财务漏洞，却引发了美国商业史上最大的一次多米诺效应。

12 月 12 日，宝丽来（Polaroid）申请破产保护；次年 1 月 22 日，凯马特（Kmart）申请破产保护；1 月 28 日，环球电讯（Global Crossing）申请破产保护。而在德国，同样弥漫着不乐观的气氛，因为在 4 月 8 日、5 月 8 日、6 月 12 日，德国最大私营传媒公司基尔希集团（Kirch Gruppe）的四大支柱先后破产。

然而事情远未结束，安然的财务问题牵出了其独立审计师安达信。随后，经过了 2002 年上半年的风风雨雨，由于妨碍司法公正，安达信终于在 6 月 15 日被休斯敦联邦法院判为"死刑"。

2001 年 6 月 25 日，世界通信（World Com）——安达信的另一个客户紧接着爆出了 38 亿美元的财务漏洞。三天之后，施乐（Xerox）在其重新公布的近年收入报告中，承认虚报了 14 亿美元的利润。

事实上，商业社会的运行规则并没有改变，只是人们在一个个光环下面都忘乎所以。商业社会并不需要重塑，需要重塑的只是我们一度失去的理智以及信心。

综观这些曾经不可一世的商界巨头，它们的倒下或即将倒下不外乎有三种原因：过度扩张、策略失误以及最恶劣的财务欺诈。在一个存在内部联系的体系中，一个很小的初始能量就可能导致一连串的连锁反应。

第一根稻草的出现只是无足轻重的变化。这种趋势一旦出现，还只是停留在量变的程度，难以引起人们的重视。只有当它达到某种程度的时候，才会引起外界的注意，但一旦"量变"呈几何级数出现时，灾难性镜头就不可避免地出现了！

第一棵树的砍伐，最后导致了森林的消失；一日的荒废，可能是一生荒废的开始；第一场强权战争的出现，可能是使整个世界文明化为灰烬的力量。这些预言或许有些危言耸听，但是在未来我们可能不得不承认它们的准确性。或许我们唯一难以预见的是，从第一块骨牌到最后一块骨牌的传递过程会有多久。有些可预见事件的最终出现，要经历一个世纪或者两个世纪的漫长时间，但它的变化已经从我们没有注意到的地方开始了。

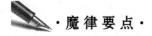 ·魔律要点·

在一个存在内部联系的体系中，一个很小的初始能量就可能导致一连串的连

锁反应。一个最小的力量能够引起的或许只是察觉不到的渐变，但是它所引发的却可能是翻天覆地的变化。

创业中的各个环节都是相通的。任何一个环节出了错，都有可能波及其他环节，最终使企业毁于一旦。在企业快速发展过程中，不可避免地存在很多漏洞和隐患，如果未能得到及时解决，将可能殃及企业的生死存亡，这就要求企业经营者做到"防微杜渐"，在企业内部隐患刚冒头时，就要加以制止，而不能任其发展。

史提尔定律：团队时代的合作

苹果电脑公司招聘职员的办法是面谈。一个新来的人可能要到公司谈好几次才会被录用。当对录用做出最后决定时，苹果电脑公司一般会把自己的个人电脑产品：麦肯塔式机拿给他看，让他坐在机器跟前。如果他没有显出不耐烦，苹果公司就说这可是一部挺棒的计算机来刺激他一下，目的是让他的眼睛一下子亮起来，真正激动起来，这样就知道他和苹果电脑公司是否志同道合。

这样，由于公司的员工都是志同道合的一群人，有共同的目标，所以他们很容易就能进行密切合作。正是这种密切合作的文化氛围，造就了苹果计算机的一个又一个突破。

在苹果电脑公司中，如今一切都要学习麦肯塔式的经验，每个制造新产品的小组都是按照麦肯塔式的模式运作的。麦肯塔式的例子表明，当一个发明班子组成以后，能够多么有效地完成任务，其办法就是分工负责，各尽其职。在麦肯塔式外壳中不为顾客所见的部分是全组的签名，苹果电脑公司的这一特殊做法的目的就是为每一个最新发明的创造者本人而不是给公司树碑立传。成绩是大家的，但名誉可以归个人。这就是优秀的合作团队的境界。

尺有所短，寸有所长。尺子有尺子的作用，剪刀有剪刀的作用，不能用剪刀代替尺子。

一天，橱柜里叮叮当当地响了起来。主人过去一看，原来碗和筷子打了起来，它们在争论用餐的时候谁对主人的贡献大。主人说你们别吵了，一会儿你们就知道了。

到了吃饭的时候，主人先只拿了碗盛好饭，可是因为没有筷子，饭吃不到嘴里。然后又只拿了筷子，因为没有碗盛饭依然无法吃饭。这时主人对碗和筷子说："你俩现在说，谁对我的贡献大啊？"

碗和筷子都沉默了。

于是主人笑着又说："只有你俩合作，我才能把饭吃好，少了谁也不行，只有你们两个合作，作用才是最大的。"

故事中的碗和筷子就其个体而言，都有自己的特长。但如果"单枪匹马"，都不能很好地帮主人吃饭。然而，一旦它们组成了一个相互协作的团队，就出现了取长补短的奇迹，轻而易举地使主人满意。

想要成就一番事业，光靠自己一个人是不够的。你应该从现在开始，就留心寻找那些将来有可能成为你的伙伴、臂膀或者能给你帮助的人。在这个竞争的社会里，人人都想尽量彰显自己的能力，然而，个人的能力是有限的。在一个大集体里，干好一项工作，占主导地位的往往不是依靠一个人的能力，关键是各成员间的团结协作配合。任何人都不能忽视，团结大家就是提升自己；在帮助别人的同时也是在帮助自己，在教会别人的同时也会从别人的身上学到新的东西。特别是刚从大学校园中毕业的学生，不可能独自承担一个项目。在程序化、标准化极强的行业里，每个人只能完成一部分工作，团队合作在很大程度上关系着企业发展的命脉。无法想象，一个只会自己工作、平时独来独往的人，能给企业带来多大的效益。

前微软公司副总裁李开复博士在做客《对话》栏目时，关于团队问题曾经谈道："团队精神是微软用人的最基本原则。像 Win2000 这样产品的研发，微软公司有超过 3000 名开发工程师和测试人员参与，写出了 5000 万行代码。如果没有高度统一的团队精神，这项浩大的工程根本不可能完成。"

不仅仅是微软把团队合作作为用人的基本原则，随意打开一个大型企业的招聘广告，几乎在任何一个职位当中都会有"Team Work"的要求。由此可见，团队合作已经越来越成为职业人士所必须具备的一种素质。无论是企业发展，还是个人发展，你都不能脱离团队，而且必须得有很好的团队合作，才能取得更大的成绩。要知道，团队时代已经来临了。

 **·魔律要点·**

英国前自由党领袖 D.史提尔主张：合作是一切团体繁荣的根本。

团队就是有着互补技能的一群人，为着共同的目的，建立一系列现实的目标，并通过共同努力而达成。有效的团队往往是由跨功能、不同背景、不同部门的人员组成的协作体，通过相互补充、相互激发各自的潜力而完成特定的任务，从而提升士气和生产力。

鲶鱼定律：竞争是生存永久的活力

西班牙人爱吃沙丁鱼，但沙丁鱼非常娇贵，极不适应离开大海后的环境。在渔民们把刚捕捞上来的沙丁鱼放入鱼槽运回码头的过程中，用不了多久沙丁鱼就会死去。而死掉的沙丁鱼味道不好，销量也差。倘若抵港时沙丁鱼还活着，卖价就比死鱼高出若干倍。

为延长沙丁鱼的活命期，渔民想方设法让鱼活着到达港口。有位聪明的渔民想出一个法子，将几条沙丁鱼的天敌鲶鱼放在运输容器里。因为鲶鱼是食肉鱼，放进鱼槽后，鲶鱼便会四处游动寻找小鱼吃。为了躲避天敌的吞食，沙丁鱼自然加速游动，从而保持了旺盛的生命力。如此一来，沙丁鱼就活蹦乱跳地来到渔港。

这在经济学上被称作"鲶鱼效应"。

如果一个组织内部缺乏活力，效率低下，那么不妨引入一些"鲶鱼"来，让它们搅浑平静的水面，让"沙丁鱼"们都动起来。"鲶鱼效应"在组织人力资源管理上的有效运用，会带来出乎意料的效果。

本田汽车公司的总裁本田宗一郎就曾面临这样一个问题：公司里东游西荡、人浮于事的员工太多，严重拖了企业的后腿。可是全把他们开除也不妥当，一方面会受到来自工会方面的压力，另一方面企业也会蒙受损失。

这件事让他大伤脑筋。为了这件事，他的得力助手、副总裁宫泽就给他讲了沙丁鱼的故事。

宫泽说道："其实人也一样。一个公司如果人员长期固定不变，就会缺乏新鲜感和活力，容易养成惰性，缺乏竞争力。只有外有压力，内有竞争气氛，员工才会有紧迫感，才能激发进取心，企业才有活力。"

听完宫泽的故事，本田豁然开朗，连声称赞：这是个好办法。他决定去找一些外来的"鲶鱼"加入公司的员工队伍，以制造一种紧张气氛，发挥出"鲶鱼效应"。

本田说到做到，马上着手进行人事方面的改革。

本田意识到，销售部经理的观念离公司的精神相距太远，而且他的守旧思想已经严重影响了下属，因此，必须找一条"鲶鱼"来，尽早打破销售部只能维持现状的沉闷气氛。

经过周密的计划和努力，人事部终于把松和公司的销售部副经理，年仅35岁的武太郎挖了过来。

接任本田公司销售部经理后，武太郎首先制定了本田公司的营销法则，对原有市场进行分类研究，制定了开拓新市场的详细计划和明确的奖惩办法，并把销售部的组织结构进行了调整，使其符合现代市场的要求。

上任一段时间后，凭着自己丰富的市场营销经验和过人的学识，以及惊人的毅力和工作热情，武太郎受到了销售部全体员工的好评，员工的工作热情被极大地调动起来，活力大为增强。公司的销售出现了新的转机，月销售额直线上升，公司在欧美及亚洲市场的知名度不断提高。

在硅谷，流行着这样一种工作意识："业绩是比出来的"，没有竞争永远出不了一流的成果。硅谷的企业管理者注重持久性地延续员工的"竞争"观念，培育员工的竞争意识和竞争能力，增强员工对于"竞争"的认可度。他们努力让所有的员工都意识到：已有的辉煌只是暂时的，稍有懈怠，个人和企业的竞争实力就会一泻千里。通过竞争管理机制，使员工强烈意识到竞争的存在和无情，最大可能地发挥主动性和潜力，不断进取、创新、拼搏，使企业拥有强劲的、比较均衡的竞争力，为企业逐鹿未来市场奠定胜局。

·魔律要点·

从外界引入竞争，就能保持组织的持久活力。

人是有惰性的。一成不变的安逸环境，最容易消磨员工的斗志，削减员工的创造激情。当一个员工的工作激情衰减到对企业的危机无动于衷时，这个企业也就同步衰败了。引入竞争，使公司变成象征意义上的"竞技场"，员工的潜能才会被激发出来，他们的聪明才智才更有用武之地。在面临严峻考验时，员工才会有勇气挺身而出，接受挑战。

服从定律：不理解的也要服从

服从是对上级的认同感和尊重的表现形式。

规则自人类社会形成以来就已经存在。按照法学家们的说法，规则是为了保证人类不在互相争夺的过程中毁灭而制定的约束人们的行为规范。人类社会需要规则，因为规则是人类社会得以维持的必要条件。社会是由各种各样的人组成的，人们必须依照规则分享自然、社会、政治和经济资源。在一个特定的范围内，如果只有一个人，规则是不必要的；如果多了一个人，一些简单的规则就必需了。比如，两个人如何互不干扰，如何互相协调。

美国管理大师吉姆·柯林斯在对大公司上亿美元投入的项目研究过程中发现：当员工守规则时，就不再需要层层管辖；当工作守规则时，就不再需要管理制度的约束；当行动守规则时，就不再需要过多的管理和控制。

美国玫琳凯化妆品公司董事长玫琳凯女士在阐述自己对于规则的理解时指出："我每次遇到员工不遵守规则的情况时，都采取一种与他人不同的处理方法。我的第一个行动，是同这个员工商量，采取哪些具体措施以改进工作。我提出建议并规定一个合情合理的期限。这样，也许会获得成功。不过，如果这种努力仍不能奏效，那我就必须考虑采取对员工和公司可能都比较好的办法：当我发现一个员工不遵守规则、工作老是出差错时，就决定不要他!因为遵守规则没商量。"

小李在一家酒店工作。最近酒店聘请了一个咨询顾问，为企业设计了一套标准化服务流程，并制定了一套服务手册。在这位顾问没有为员工进行培训的时候，小李对此很不理解，认为服务手册上的这些服务标准和规定都没有实际意义，但经过咨询顾问的培训之后，小李才发现原来这些规定真的非常有意义。

例如，在服务过程中，为什么清扫客房的时候抹布要折叠使用？因为这样可以保证每次擦拭用的都是干净抹面。在进行卧具整理的时候，为什么枕套的开口一侧必须与床头柜的方向相反？这是为了避免客人将物品放进枕套后忘记了。厨师为什么不能穿拖鞋进厨房？因为他需要与开水、热油打交道，地面会打滑，会很危险等。

因为故事中的这位顾问是专门负责这个项目的，所以会很详细地为员工解释每个条款为什么一定要服从，要照做。但是，在其他工作中，是不是所有的管理者都会把所有的原因告诉你？即便他有这个意愿，恐怕也没有这个时间。你要相信，任何一个管理者的"合法"指令，都是有其原因的，只不过是你不知道而已。因此，对于"合法"的指令：只管照着做，不理解的也要服从。

 **·魔律要点·**

服从，是指受到他人或者规范的压力，个体发生符合他人或规范要求的行为。

从服从的对象上，可以把服从分为对人的服从和对规范的服从。服从的重要意义，在于它对各组织和群体的协调发展所起到的作用。服从的特点有两个：一是服从主体是权威的，无论它是怎样形成的，它都具有一定的权威性；另一个是客观必然性，作为客体，当主体命令下达以后，客体必须服从。

累积定律：命运是每一天生活的积累

与其等事情发生后才明白充电的重要，不如从意识到自己的弱点起，就做好充电的准备。

没有时间只是借口，再忙碌的人也可以抽出时间，哪怕是只有 10 分钟的时间，利用起来学习新的知识，长期积累下来就可以学到不少的东西。

时间是可以找的，哪怕只有 10 分钟，用这 10 分钟也一样可以学习。

10 分钟可以背 4~5 个单词；10 分钟可以阅读 500 字左右的文章；10 分钟可以读两到三则时事新闻；……而这 10 分钟其实随时都可以找到。

别小看这琐碎的小时间，哪怕每天都只用这 10 分钟来学习，长期的坚持和积累，学什么都不成问题。

历史上，有许多伟大的人物并不是生下来就什么都懂，而是靠长年累月地勤奋积累才取得成功的。

大发明家爱迪生，一生中有上千种发明，为人类做出了杰出的贡献。在制作灯泡时，为了找到合适的灯丝，试验了上千种材料。一次又一次的失败，并没让他气馁，他反而说，失败说明我们距成功又近了一步。

没有资料证明成功的人比其他人更聪明，倒是有资料证明，成功的人比常人付出的更多，成功是他们勤奋努力的结果。由此可见，勤奋是成功的基石，成功需要勤奋的积累。

年轻人都有梦想，都渴望成功，然而志大才疏往往是走向成功的一大障碍。一些人看到成功人士功成名就时的辉煌，却忽略了他们艰苦卓绝的努力。人世间没有一蹴而就的成功，只有通过不断的努力才能凝聚起改变自身命运的爆发力。成功需要积累，这是一个真理。

有时，生活关闭了一扇成功的门，但同时它也可能为你打开了一扇成功的窗。正视自己，充满自信，做好眼前的事，积累起明天成功的基石。成功需要铺垫，需要积累。

俗话说得好："千里之行，始于足下。"要"扫天下"必须先学会"扫一屋"，分清楚应先扫地还是先洒水，抑或是先拖地板。这样，在"扫天下"时，你才会知道哪些事应该马上解决，哪些事可以暂缓，甚至放弃。

从小事做起，持之以恒，是成功的基础。著名科学家巴甫洛夫，以工作精确、细致著称。他写字十分工整，像印刷出来的一样。在年轻时，他就是把工工整整地书写作为自己追求成功的开端。体育名将周晓兰，在球场上吃得了苦、忍得了痛，意志坚强，这与她小时候在小事上的磨炼分不开。上小学时，她喜欢看电影却又怕耽误功课，在父亲帮助下，她学着克制自己就从看电影这件事做起，功课做不完，就把电影票退掉，再好的电影也不去看。经过一段时间的磨炼，她战胜了自己，让自己变得非常有毅力。

生活其实是由一些小得不能再小的事情构成的，一个不愿做成小事的人，是难以做成大事的。老子告诫人们："天下难事，必成于易；天下大事，必做于细。"要想比别人更优秀，就得在小事上多下工夫。成功靠的是点滴的积累，事无大小，只要一步一个脚印，踏踏实实向前迈进，成功就在前面等着你。

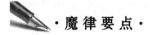 **·魔律要点·**

成功是一个长期积累的过程。没有人是一夜之间成名的，暴富的摇钱树不过是幻想而已。如果你的手想要真真切切地触摸到成功，那么你就要随时准备把握机会，不断发挥自己的创造力和各种能力，知道自己工作的意义所在，永远保持一种自发的强烈的工作热情，这才是成就大业之人与得过且过之人的最根本区别。命运是每一天生活的积累，小事情是影响大成就的关键。

重复定律：成功离不开坚持到底的信念

一天，苏格拉底对学生们说："今天我们只学一件最简单也是最容易的事，即把你的手臂尽量往前甩，再尽量往后甩。"然后他自己示范了一遍。"从现在开始，每天甩臂300下，大家能做到吗？"学生们齐刷刷地回答："能！"

过了一月，苏格拉底问道："每天甩臂 300，哪些同学坚持了？"有 90%以上的学生骄傲地举起了手。

两个月后，当他再次问到这个问题时，坚持下来的学生只有 80%。一年后，当苏格拉底再次问道："请你们告诉我，最简单的甩臂运动，还有哪些同学坚持每天做？"这时候只有一个学生举起了手。这个学生后来成了古希腊的另一位大哲学家，他的名字叫柏拉图。

柏拉图的坚持也许是他日后成名的因素之一，他给后人留下一句名言："耐心是一切聪明才智的基础。"伟人之所以伟大，是因为别人放弃时，他还在坚持。

"飞人"迈克尔·乔丹也曾坦言，他每天要练习 3000 次以上各种角度的投篮动作；因为每天投 3000 次，才有十拿九稳的超水准表现。

全美四大推销大师之一的汤姆·霍金斯从小就背负父亲希望他当律师的期望，当他浪费了父亲毕生的积蓄，从律师学校休学回家时，他的父亲失望地流下泪来，并说："汤姆，我看你这辈子都不会成功了。"

汤姆只得在第二天离家出走，接着选择了推销房地产这个行业。前几个月，汤姆一点业绩都没有，身上只剩 100 元。他花了这仅有的 100 元参加一场加强推销技巧的研讨会。之后，他连续 8 年得到全美房地产的销售冠军，开劳斯莱斯轿车，环游世界，并教导无数业务员推销的方法。

当有人问他成功的原因是什么时，汤姆总是说："我遇到挫折之后，支持我勇往直前的只是一个信念：坚持到底，绝不放弃；成功者绝不放弃，放弃者绝不会成功。"

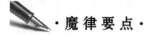 ·魔律要点·

成功就是简单的事情重复做，容易的事情重复做，平凡的事情重复做。很简单的事情重复做，就是不简单；很容易的事情重复做，就是不容易；很平凡的事情重复做，就是不平凡。

破窗定律：不可触摸的热炉

没有规矩，不成方圆。既然是一个团队，就应该有一个完善的制度来约束大家。制度是由人来制定的，但也是由人破坏的。很多企业把制度订在了墙上，而没有真正去实施和按规章制度去办事。这一点在很多的国企尤为突出，企业越大，这样的事情越多。

在一个团队里，或多或少有那么几个人，不按规章制度办事，他们总是想钻制度的空子，为自己获取一些所谓的好处。我们既然是一个整体，每个人都有一双眼睛在看，很多时候你的违规行为别人不是不知，只是不愿说出来而已。带好一个团队，就应该一视同仁。发现问题时，就要找当事人谈话，让他站在别人的角度去看待他自己的问题。为了在市场竞争中长期站稳脚跟，希望集团的核心做法是"严厉和宽容"。

希望集团的严厉体现在制度的制定、执行和检查上。数年前，希望集团美好食品公司还是一个连年亏损几百万元的公司。在直接归属陈育新掌管后，

194

第一年就转亏为盈，之后以千万元的增幅连年赢利，显示出强劲的发展势头。

总经理杜诚斌认为，集团的成功靠的是员工"十不准"戒规。这些戒规条款几近苛刻，但正是对它们的严格执行，培养员工形成了良好的工作习惯，保证了公司的高效率运转。

在奥克斯集团的各项纪律中，有一项规定是开会时不得有手机铃声，若违反，每次铃声罚款50元。在奥克斯集团内，无论大会小会，都不会受手机铃声的干扰，即使是刚进奥克斯的新人也知道必须养成这样的良好习惯，绝不触犯。

企业之所以做这样的规定，用意鲜明，希望全体员工在心目中形成一种强烈的观念：制度和纪律是一个不可触摸的"热炉"。

"破窗理论"更多的是从犯罪的心理去思考问题，但不管把"破窗理论"用在什么领域，角度不同，道理却相似：环境具有强烈的暗示性和诱导性，必须及时修好"第一扇被打碎玻璃的窗户"。

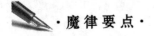

·魔律要点·

如果有人打坏了一栋建筑上的一块玻璃，又没有及时修复，别人就可能受到某些暗示性的纵容，去打碎更多的玻璃。

在公司管理中同样会出现这样的问题，你的团队里出现了违规或不遵守规章制度的人，如果你睁一只眼闭一只眼不去管理，那么就会有更多的人来违规或不遵守纪律。

快鱼定律：快与慢，是成败的关键

有两个人在树林里过夜。早上，树林里突然跑出一头大黑熊来，两个人中的一个忙着穿球鞋。另一个人对他说："你把球鞋穿上有什么用？我们反正跑不过熊啊！"忙着穿球鞋的人说："我不是要跑得快过熊，我是要跑得快过你。"

故事听起来有点无情，但竞争就是如此残酷。我们面对的世界，是一个充满变数并且竞争激烈的世界。快与慢，就成为决定成功与失败的关键。

快鱼法则不只体现在市场竞争中，也体现在企业内部管理上。同样一件事，第一个人用一小时做好，第二个人用半小时做好，那后者就是"快鱼"，他能在有效的工作时间里做更多的事情，他就是优胜者。

从整体上来讲，如果企业的每一个员工，都有一种"快鱼"的紧迫感，摒弃懈怠和推托，多一些责任，少一些借口，企业的发展会更快，成功的果实会更大。

青岛海尔集团总裁张瑞敏认为，在市场经济发达的国家，企业的兼并一般经过三个阶段：第一个阶段是大鱼吃小鱼，即弱肉强食；第二个阶段是"快鱼吃慢鱼"，技术先进的企业吃掉落后的企业；第三个阶段是鲨鱼吃鲨鱼，亦即强强联合。

卡瑞肉类加工公司的老板菲普力·卡瑞习惯于天天看报纸，虽然生意繁忙，但他每天早上到了办公室，就会看秘书给他送来的当天的各种报刊。

1874 年初春的一个上午，他仍然和平时一样细心地翻阅报纸，一条不显眼的消息把他的眼睛吸引住了：墨西哥疑有瘟疫。

卡瑞顿时眼睛一亮：如果墨西哥发生了瘟疫，消息就会很快传到加州、德州；而加州和德州的畜牧业是北美肉类的主要供应基地，一旦这里发生瘟疫，全国的肉类供应就会立即紧张起来，肉价肯定也会飞涨。

他立即派人到墨西哥去实地调查。几天后，调查人员发回电报，证实了这一消息的准确性。

放下电报，卡瑞立即集中资金大量收购加州和德州的肉牛和生猪，运到离加州和德州较远的东部饲养。

两三个星期后，瘟疫就从墨西哥感染到联邦西部的几个州。联邦政府立即下令严禁从这几个州外运食品。北美市场一下子肉类奇缺、价格暴涨。

卡瑞及时把囤积在东部的肉牛和生猪高价出售。因为判断准，行动快，短短三个月时间，他净赚了 900 万美元。

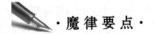 ·魔律要点·

速度决定竞争成败，美国思科公司总裁钱伯斯在谈到新经济的规律时说，现代竞争已"不是大鱼吃小鱼，而是快鱼吃慢鱼。"

在市场经济的激烈竞争中，几乎所有的经营型、服务型企业都用尽浑身解数，抢占市场，扩大销量。事实上，市场先机稍纵即逝，速度就成为了获胜的关键因素之一。市场的成败，不能仅仅以"大鱼""小鱼"论，而要看"快"与"慢"，这就是"快鱼吃慢鱼"的效应。

蓝斯登定律：员工需要快乐地工作

目前有员工 37000 余人的微软公司，人均年薪近 11 万美元。公司员工人人享有股权，享有全美最优的医疗保险计划，包括给配偶各种保险福利。公司免费提供各种服务设施、运动设施，还免费提供各种饮料、文具和办公用品，种类之齐全令人咋舌。

公司给员工购买当地美术馆、音乐馆、博物馆、科技馆、水族馆等场馆的门票。每个月公司还请员工在上班时间集体看一场电影。

微软的员工来自世界各地，公司就像一个小小的联合国，讲什么语言的都有。为了让这些员工所带来的文化资源为公司带来价值，公司极力推崇多元化，鼓励形形色色的社团和兴趣小组，如合唱团、女子社团、各种族裔的社团。

微软公司给予员工的不仅是金钱报酬，还有快乐的工作环境，使员工与公司一同成长。

员工需要快乐的工作，需要享受工作的过程。作为领导者，教会员工快乐地投入工作也是十分必要的。

西南航空老板凯勒尔就要求客机服务员开动脑筋，在飞机上多举办一些别出心裁的活动。例如，组织比赛看谁哈哈大笑的时间最长、通过手语传递信息、对脚上的袜子破洞最大的乘客给予奖励等。这些活动使西南航空公司班机内始终洋溢着一种轻松愉悦的气氛。

身为公司老板的凯勒尔能够叫出许多员工的姓名，而下属也亲切地称他为"赫伯大叔"或"赫伯"。凯勒尔每周要举行一次聚会，增进职员间的交流与上下级之间的沟通。

德国西门子、韩国 LG 公司为生产车间精心布置了微型休闲场地：精美的方台，五颜六色的桌布，以及咖啡、茶具的配备，让员工在工间休息时小憩于一个优美的环境里。日本日立电器公司的员工食堂采用独特的欧美装饰，温馨的环境备受员工的喜爱。

在惠普，一个员工如果孩子有事，可以早走一会儿；惠普管理层认为，如果让员工坐在办公室里惦记小孩的事，就没有工作效率。惠普的员工有带薪休假制度。惠普认为，员工之间友好相处是公司的福分，因此公司积极配合并鼓励员工开展各种业余活动，鼓励大家友好相处。公司的工会组织很活跃，工会主席一职每年都要竞选。工会的主要工作就是丰富大家的业余生活，比如组织各种俱乐部，如羽毛球俱乐部、钓鱼俱乐部等，目的就是让大家按照自己的兴趣和爱好去娱乐、去休息。在娱乐和休闲中，建立融洽、和谐的员工关系。

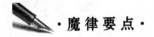 **·魔律要点·**

美国管理学家蓝斯登认为，老板应该给员工快乐的工作环境。

以人为本的管理带有近乎禅宗的玄机：当你一味追求金钱和利润的时候，你反而得不到；当你关注员工和用户的时候，金钱和利润反倒滚滚而来。

懒蚂蚁定律：既要选择"勤蚂蚁"，也要选择"懒蚂蚁"

在企业中，,注意观察市场、研究市场、把握市场的人更重要，这就是所谓的"懒蚂蚁效应"。

这里有一个四肢与胃的故事，对于"懒蚂蚁定律"有更深刻的启发：

四肢看到胃成天不干活，心里很不平衡，它们决定像胃一样，过一种不劳而获的绅士日子。

"没有我们四肢，"四肢说，"胃只能靠喝西北风活着。我们流汗流血，我们受苦受累，我们做牛做马地干活，都是为了谁？还不是为了胃！但是我们什么好处也没有得到，我们全在忙碌，为它操心一日三餐。我们现在马上停工别干了，只有这样，才会让它明白，它得靠我们养着。"

四肢这样说了，果真也这样做了。于是，双手停止了拿东西，手臂不再活动，而脚也歇下了，它们都对胃说已经侍候够了它，让胃自己劳动，自己去找吃的。

没过多久，饥饿的人就直挺挺地倒下了。因为心脏再也供不上新鲜的血液，四肢也就因此遭了殃，没有了力气，软绵绵地耷拉在身上。这下，不想干活的四肢才发现，在全身的共同利益上，被它们认为是懒惰和不劳而获的胃，要比它们四肢的作用大得多。

懒蚂蚁效应说明，企业在用人时，既要选择脚踏实地、任劳任怨的"勤蚂蚁"，也要任用运筹帷幄，对大事、大方向有清晰头脑的"懒蚂蚁"。这些

"懒蚂蚁"不被杂务缠身而擅长于辨别方向和指挥前进，能想大事、想全局、想未来。

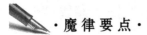 **·魔律要点·**

懒于杂事，才能勤于动脑。

生物学家研究发现，成群的蚂蚁中，大部分蚂蚁很勤劳，寻找、搬运食物时争先恐后，少数蚂蚁却东张西望不干活。当食物来源断绝或蚁窝被破坏时，那些勤快的蚂蚁一筹莫展，"懒蚂蚁"则"挺身而出"，带领众伙伴向它早已侦察到的新的食物源转移。相对而言，蚁群中的"懒蚂蚁"更重要，"懒蚂蚁"承担着探路、引路、警备等职责。

马蝇效应定律：马蝇的叮咬，是马奔跑的动力

马蝇效应来源于美国前总统林肯的一段有趣的经历。

1860 年大选结束后几个星期，有位叫作巴恩的大银行家看见参议员萨蒙·P.蔡斯从林肯的办公室走出来，就对林肯说："你不要将此人选入你的内阁。"林肯问："你为什么这样说？"巴恩答："因为他认为他比你伟大得多。""哦，"林肯说，"你还知道有谁认为自己比我要伟大的？""不知道了。"巴恩说，"不过，你为什么这样问？"林肯回答："因为我要把他们全都收入我的内阁。"

　　事实证明，这位银行家的话是有根据的，蔡斯的确是个狂态十足的家伙。不过，蔡斯也的确是个大能人，林肯十分器重他，任命他为财政部长，并尽量与他减少摩擦。蔡斯狂热地追求最高领导权，而且忌妒心极重。他本想入主白宫，却被林肯"挤"了，他不得已退而求其次，想当国务卿。林肯却任命了西华德，他只好坐第三把交椅，因而怀恨在心，激愤难已。

　　后来，目睹了蔡斯种种行为、并搜集了很多证据的《纽约时报》主编亨利·雷蒙特在拜访林肯的时候，特地告诉他蔡斯正在疯狂地上蹿下跳，谋求总统职位。林肯以他那特有的幽默神情讲道："雷蒙特，你不是在农村长大的吗？那么你一定知道什么是马蝇了。有一次，我和我的兄弟在肯塔基老家的一个农场犁玉米地，我牵马，他扶犁。这匹马很懒，但有一段时间它却在地里走得飞快，连我这双长腿都差点跟不上。到了地头，我发现有一只很大的马蝇叮在它身上，于是我就把马蝇打落了。我的兄弟问我为什么要打掉它。我回答说，我不忍心让这匹马那样被咬。我的兄弟说：'哎呀，正是这家伙才使得马快走起来的嘛！'"然后，林肯意味深长地说："如果现在有一只叫'总统欲'的马蝇正叮着蔡斯先生，那么只要它能使蔡斯的那个部门不停地跑，我就不想去打落它。"

　　这个小故事对管理者用人很有启发。越是有能力的员工越不好管理，因为他们有很强烈的占有欲，或既得利益，或权势，或金钱。如果他们得不到想要的东西，他们要么会跳槽，要么会捣乱。要想让他们安心、卖力地工作，就一定要有能激励他们的东西。这种激励因素不就是那只"马蝇"吗？

　　麦当劳公司为激励员工的工作热情，给勤奋上进的年轻员工提供了不断向上晋升的机会。公司规定，表现出色的年轻员工在进入麦当劳 8～14 个月后成为一级助理，也就是经理的左膀右臂。在这个阶段之后，那些表现突出的一级助理就会被提升为经理，使他们当管理者的心愿得到实现。

为了使优秀人才能早日得到晋升，麦当劳设立了这样一种机制：无论管理人员多么有才华，工作多么出色，如果他没有预先培养自己的接班人，那么他在公司里的升迁将不被考虑。

这一机制保证了麦当劳的管理人才不会出现青黄不接的情况，由于这关系到每个人的前途和声誉，所以每个人都会尽一切努力培养接班人，并保证为新来的员工提供成长的机会。这种激励机制正像马蝇使马快跑起来一样，使员工们欢快地奔跑起来了。

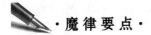 ·**魔律要点**·

再懒惰的马，只要身上有马蝇叮咬，它也会精神抖擞，飞快奔跑。而没有马蝇叮咬，马就会慢慢腾腾，走走停停；有马蝇叮咬，马不敢怠慢，就会跑得飞快。这就是马蝇效应。

超限效应：逆反是过多刺激后的反应

一次，马克·吐温听牧师演讲时，最初感觉牧师讲得好，打算捐款；10分钟后，牧师还没讲完，他就不耐烦了，决定只捐些零钱；又过了10分钟，牧师还没有讲完，他决定不捐了。在牧师终于结束演讲开始募捐时，十分气愤的马克·吐温不仅分文未捐，还从盘子里偷了2元钱。

这种由于刺激过多、过强或作用时间过久而引起逆反心理的现象，就是

"超限效应"。

每个人的心里都有一个杯子。当杯子不满时，他可能会乐于听你的"谆谆教诲"，这就是为什么对方对你讲的表现出浓厚兴趣的原因；反之就如马克·吐温一样，拒绝捐款不说，还要从盘中拿走两元钱。在职场上，不管你作为上司还是下属，你一定遇到过马克·吐温所遇到的情景，可能表现形式会有所不同，但本质上是一样的。

我们知道，第一次挨批评时，员工的厌烦心理并不太大；但是第二次，员工的厌烦度往往倍增。如果再来个第三次、第四次……那么批评的累加效应就会更大，厌烦心理就会以几何级数增加，说不定会演变成反抗心理，甚至达到不可收拾的地步。

除非是个乐天派或个性特殊的人，否则，一旦遭到批评，总是需要一段时间，才能恢复心理的平衡，遭到重复批评时，反抗心理就高亢起来。他心里会嘀咕："怎么如此不信任我？"这样一来，员工挨批后的心情就无法复归平静。可见，批评不能过度超量。

之所以会出现这些现象，也是因为超限效应的原因。即人接受任务、信息、刺激时，存在一个主观的容量。超过这个容量，人就不愿意认真对待这些任务了。

在我国，员工因"上司的批评"遭受挫折后产生逆反心理，也反映出传统文化的影响。一些员工敏感性过强，管理者就事论事的批评，在他们看来则属于对自己整体性的评价，可以追溯到某项管理举措出台和执行的背景，总认为对方是在寻找"整"自己的借口等，因而保持着高度的警惕性，即使是同样的管理举措也要看是谁在那里执行。当他们认识到"上司的批评"已经对自己产生不利的影响时，"交互"思维又使得他们不肯从自身找原因，而是奉行"你对我怎么样，我就对你怎么样"、"你叫我不好过，我也不让你过好"等策略，于是对管理者的逆反心理便以隐蔽的形式折射成"窝里斗"。

·**魔律要点**·

超限效应是指刺激过多、过强或作用时间过久，从而引起人极不耐烦或逆反的心理现象。

喋喋不休的"指导者"其实也是一种上级对下级不信任的表现，低估了下级的能力罢了，也可以看成一种"强权"，任何事情一定要依自己的"意愿"来办，否则结果也一样不行。"喋喋不休"给人感觉是揪住别人的过错不放，只会引起下级的反感；以后在许多事情的合作中，对方也许会跟你唱反调或阳奉阴违。

韦特莱法则：做别人不愿意做的事情

美国内战结束后，法国记者马维尔去采访林肯。问：据我所知，上两届总统都想过废除黑奴制度，《解放黑奴宣言》也早在他们那个时期就已草就，可是他们都没拿起笔签署它。请问总统先生，他们是不是想把这一伟业留下来，让您去成就英名？

林肯说道："可能有这个意思吧。不过，如果他们知道拿起笔需要的仅是一点勇气，我想他们一定非常懊丧。"

马维尔一直都没弄明白林肯这句话的含义。

林肯去世 50 年后，马维尔才在林肯致朋友的一封信中找到了答案。林肯在信中谈到幼年时的一段经历。

"我父亲在西雅图有一处农场，上面有许多石头。正因为如此，父亲才能以较低的价格买下。有一天，母亲建议把上面的石头搬走。父亲说，如果可以搬，主人就不会卖给我们了，它们是一座座小山头，都与大山连着。

"有一年，父亲去城里买马，母亲带我们在农场里劳动。母亲说，让我们把这些碍事的东西搬走好吗？于是我们开始挖那一块块石头。不长时间，就把它们给弄走了，因为它们并不是父亲想象的山头，而是一块块孤零零的石块，只要往下挖一英尺，就可以把它们晃动。"

每个人都想成功，但在真正面对现实时，许多人却又表现得缩手缩脚。慢慢地，他们会觉得成功不是常人能办到的事，自己是没什么指望了。因为有很多人都这样想，就注定了成功只有一小部分人才能做到！其实，所谓成功者，与其他人的唯一区别就在于，别人不愿意去做的事，他去做了，而且全身心地去做。所以，成大事其实也许只需要那么一点点勇气。

一个职业指导师这样描述他的一位客户的故事：

小韩是个有理想又很单纯的小姑娘，中专毕业后到社会上打工。她非常羡慕那些文凭比她高的大学生、研究生，工作理想轻松，工作环境好，前程似锦。而自己总觉得学历不高，干的总是一些普通工作。得不到重用，干活来总提不起劲。这一次她又找到一份新工作，在一家婚纱连锁店做门店销售。到新单位上班前，她让我帮她出出点子，怎样才能尽快出人头地。

"你不用担心自己学历低，也不要担心自己技不如人。其实很简单，你只要照我的话去做，你马上就可以出人头地。"听了小韩的一些介绍，我笑着对她说。

小韩听我这样一讲，来了兴趣，她让我快点告诉她成功的诀窍。

"记住：做别人不愿做的事情。"

"就这么简单吗?"小韩听了我的话不免有些失望，也有些不相信。

"对！就这么简单，你去发现哪些事别人不愿意做，把它记下来。不管这些事多么简单，你去做，并要高高兴兴地把它做好。你一定要相信这句话的魔力，并最少坚持3个星期。"

"好的，我相信！我会坚持做到的。"小韩使劲地点点头。

过了3天，小韩又来了。

"我和同事都成了好朋友，大家都喜欢我，老板夸我很勤快，我挺开心!"小韩高兴地告诉我。

"你发现哪些事别人不愿意做?"我问小韩。

"打扫卫生、做相册，往饮水机里加水，还有，不愿意早来开卷闸门……"小韩一口气说了七八件事："这些事都很简单，但大家都不愿做。"

"好！你就坚持做下去，后面的结果会超乎你的想象。"

果然，两个月之后，小韩被老板提拔为店长，她才刚满18岁，据说是这个品牌婚纱店中国最年轻的店长。

要出人头地很简单，只要低下你高贵的头颅，从别人不愿意做的事开始吧。一个人能将别人不愿做的事做好，那么愿做的事就肯定能做得更好；一个人愿意主动承担更多责任，那么对于自己分内的事情就会更加认真负责。这个道理，你的老板一定明白。

不管路途再远，美国最成功的零售商诺斯多姆公司，永远愿为顾客多跑一趟，所以它的利润也最高。

沙维琪老师，想买两本诺斯多姆公司出版的《围巾用法手册》，这本书的价钱仅为1美元。这趟生意诺斯多姆公司接了。4个星期后，这本书送到，而且不收服务费。更让人觉得不可思议的地方是，沙维琪住在160英里外，诺斯多姆公司为了送一个 2 美元的产品而劳累奔波，不赚反赔。当然，沙维琪自此成为了诺斯多姆公司的忠实顾客。

诺斯多姆公司做那 2 美元的生意，你认为值得吗？也许你觉得这是亏本生意。然而，诺斯多姆公司觉得值。正因为它愿意做别人不愿意做的事情，它也得到了别人得不到的东西。

如果你想创业，做别人不愿做的事情或者别人没有去做的事情，会给你带来更多利润。瑞典有位精明的商人开了一家"填空档公司"，专门生产、销售在市场上断档脱销的商品，做独门生意。德国有一个"怪缺商店"，经营的商品在市场上很难买到，例如，六个手指头的手套，缺一只袖子的上衣，驼背者需要的睡衣等。因为是填空档，一段时间内都不会有竞争对手。

捡拾破烂，是大多数人都不愿做和耻于做的事，它能赚多少钱，恐怕一般人不能了解。有个名叫杜茂洲的四川农民，20 世纪 80 年代末来北京捡拾垃圾。十几年过去了，他通过捡拾垃圾，成了拥有百万资产的北京茂洲学琼物资回收公司的董事长。他成功的真谛就在于：做别人不愿意做的事。

有位经济学家曾讲过一个生动而有趣的事例：如果一个犹太人在美国某地开了一家修车店，那么，第二个此地的犹太人一定会想方设法在那里开一家饮食店。但中国人则截然相反，如果一个中国人在某地开了一家修车店，那么第二个来此地的中国人，往往开的也是修车店。

稀缺的资源才是最珍贵的资源，这个道理在职场中同样适用。如果这项工作别人都不愿意做，而你去做了，自然可以很快出人头地。成功者跟别人最大的不同就在于，他愿意做别人不愿意做的事情；一般人都不愿意付出这样的代价，可是成功者愿意，因为他渴望成功。

208

·魔律要点·

　　美国管理学家 D.韦特莱提出：从别人不愿做的事做起。先有超人之想，后有惊人之举。成功者所从事的工作，是绝大多数人不愿意去做的。

Part 7
万变世界绝对不变的职场魔律

无论职场状况如何变化，都有着潜在的规律。只要摸清了这些暗藏的规律，就能在职场中独善其身，顺利前行。

自律定律：自律是成功的阶梯

许多人都把迪斯尼评为全世界提供大众服务最佳的企业之一。能获得这样辉煌的成就，全赖于迪斯尼公司的自律管理。在迪斯尼，就连一个收票的工作，都要花上四天的时间去学习。曾有人表示疑惑，认为收票不过是简单的工作，不必花这么长时间来学习，迪斯尼的工作人员告诉他："收票可不是简单的工作，万一客人问洗手间在哪儿？游行什么时候开始？或者是怎样去野营地？我们都要准确、迅速地做出回答。"在迪斯尼，让每一个顾客都玩得尽兴、愉快，是每一个迪斯尼人的职责。即使是收票人员，也不例外。这样高度自律的服务精神，就是迪斯尼长盛不衰的秘诀所在。

企业成功的最大敌人之一，就是缺乏对自己的控制。一个高度自律的企业，才能真正长久地立于不败之地。

企业要卓越发展，必须有自律精神。而企业的自律精神，又来自于领导人的自律。只有企业领导人具有自律精神，才能使企业内部的所有员工，自觉地做好自己的工作，提高对自己的要求，进而使企业具备自律精神。

你在老板面前和老板背后是不是一样努力工作？当有同事得罪了你的时候应该怎么办？你会在老板不在的时候消极怠工吗？会对同事破口大骂吗？不，当然不会。老板绝对不会欣赏这样的行为。当遇到这种情况的时候，应该学会自律。只有自律的人，才能做好自己的工作，不断创造佳绩。

自律作为一种职业道德，源于一个人对自己的真正关爱，更出于关爱企业发展的良心。

作为一个公民，我们需要有自律意识。同样，作为企业的员工，也需要有强烈的自律意识。如果一个员工没有自律能力，那他在工作上的敬业程度就会大打折扣。一个资深的人事经理举了这样一个例子：我们的上班时间是早上 8 点 30 分，有人 8 点 20 分就到了，有人 8 点 30 分到，也有人 8 点 40 分才到。在平时看不出这三类人有什么本质区别。但是在关键时刻，或许就会因为这喜欢迟到 10 分钟的习惯，有些人误了大事，给公司带来无可挽回的损失。这其实就是因为每个人的自律能力不同，导致的不同后果。

自律是员工实行自我管理的一个重要方面。员工自我管理的范畴大致包括：员工对企业组织引导方式的认同程度，对一定的文化价值体系的理解和兴趣程度，自律感、羞耻感、自我约束力以及自我激励能力，工作中所表现出的主动性和能动性，对所承担工作和达到组织所设定目标的自信心，克服困难和战胜挫折的勇气等。

一个工作效率很高的销售主管说：我一直保持着将文档做得很工整的习惯，无论我有多忙，甚至在周末也不例外。这个习惯让我受益匪浅，我很清楚我所要完成工作的时间表和采取何种方式去做。在我的系统里，我跟踪每一件事，从而确保不仅按时完成自己的任务和落实各项细节，而且兼顾我的顾客和同事。如果他们没有及时和我联系，我就会给他们发电子邮件。事实上，有一天一个人告诉我：我还不如主动跟你联系，因为我知道你如果听不到我的消息，一定会在我的语音信箱里留言的。

美国心理学家沃尔特·米切尔曾做过一项实验。

他给幼儿园里一群 4 岁的小朋友每人发了一颗果汁软糖，并对他们说：我现在出去办事，一会儿就回来（约 20 分钟）；如果你们能等到我回来再吃这颗糖，我就会再给你们一颗软糖；如果你们等不到，就只能吃这一颗。

结果，有的孩子为了多得到一颗糖果，坚持熬过了 20 分钟（对于 4 岁的孩子而言，20分钟已经很漫长了）；而有的孩子却早已经把糖吃掉了。米切尔对实验的结果作了记录，并对这群孩子进行了长期的跟踪调查，直到他们高中毕业。

米切尔发现，那些坚持住了的孩子在进入青春期和高中阶段后，往往表现出很强的自信心，更独立、积极、可靠，能够很好地应对挫折，遇到困难不会手足无措和退缩；而那些没能坚持住的孩子长大后，大部分都表现出退缩羞怯、经不起挫折失败、好妒忌、脾气急躁。更令人吃惊的是，前一种孩子的学习成绩要远远好于后一种孩子的成绩！

这个实验告诉我们：为了一个目标，如果能够抵制一时的诱惑和冲动，就更有成功的可能。难怪作家塞缪尔·斯迈尔斯说："自律自制是品格的精髓、美德的基础。"

自制力对一个人的成长来说非常重要。在我们的学习和生活中，自制在很多方面都发挥着巨大的作用：它能督促人们主动去完成应当完成的任务；能抑制自己的不良行为，如贪婪、懒惰；能缓解不良情绪，如冲动、愤怒、消极；能抵御外界形形色色的诱惑等。

相反，如果没有或缺少自我控制，不良的行为和情绪就会反过来控制我们，我们将失去意志力、信心、执着和乐观，失去获得成功的机会，甚至会偏离人生的方向，误入歧途。

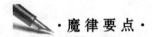 **·魔律要点·**

自律，是一个企业制胜的法宝。一个成功的企业，必须是一个自律的企业。从产品质量和服务态度方面来讲，自律对于企业尤为重要。

尴尬定律：苦干加巧干才等于成功

巧干，得有灵巧之心，懂巧妙之术。心灵才会手巧。

巧干的人，好比"巧媳妇"，透着一股灵气，散发出一种悟性。

巧干的人，善于捕捉机遇，善于琢磨事体，善于借势借力。

当年诸葛亮"借东风"，一夜借得十万支箭，就是经典的巧干。巧干，就是懂得事物规律与特性，能够寻到干好事、干成事的路径。

蛮干，动的是死脑筋，用的是笨办法。机械是蛮干的四肢，死板是蛮干的五官，简单是蛮干的脑瓜，老经验是蛮干的家当和资本。

蛮干，常常会认死理、走极端、钻牛角尖。

愚公精神就是苦干精神，但仅有苦干是远远不够的，苦干加巧干才等于成功。

意大利的一个小村庄，除了雨水，没有任何水源。为了解决饮水难题，村里人决定对外签订一份送水合同，以便每天有人把水送到村子里。村子里有两个年轻人，斯诺其和阿其可，他们愿意接受这份工作，于是村里的长者把合同同时给了这两个人。

签订合同后，斯诺其便立刻行动起来。他每天在十公里外的湖泊和村庄之间往返奔波，用两只大桶从湖中挑水运回村庄，倒在由村民们修建的一个结实的大蓄水池中。

他起得比其他村民都要早，以便当大家需要用水时，蓄水池有足够的水供大家使用。这个起早贪黑的工作，使斯诺其很快有了收入。尽管工作艰苦，但他还是非常高兴，因为他能不断地挣钱。

自从签订合同后，阿其可就消失了。几个月来，人们一直没有看见过他。

阿其可做了一份详细的商业计划书，并找到了 4 位投资者。

阿其可花了整整一年的时间，他的施工队修建了一条从村庄通往湖泊的大容量的不锈钢管道。快速、大容量、低成本并且卫生的送水系统，让钱财哗哗地流入了阿其可的银行账户中。

阿其可幸福地生活着，而斯诺其却拼命地挑水以维持那点卖水的钱。

"拼命干不如巧干。"要卖力地工作，更要聪明地工作。

不少人认为，在工作量与成功之间存在着一种直接的联系，即一个人所投入的人力、物力和精力越多，他获得的成功就越多。而现实生活中，却不是这样简单的逻辑。

有很多人看起来工作很认真，每天都在兢兢业业、埋头苦干，但忙忙碌碌的就是没干出多少成绩。这种员工不仅得不到老板的好感，反而会被老板和同事瞧不起。我们提倡勤勤恳恳工作的敬业精神，但并不是不要求工作的效率和方法。苦干是老板喜欢看到的，但老板更喜欢巧干、高效率的员工。

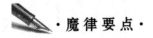 **·魔律要点·**

做工作、干事情大体有两种干法：一种是巧干，一种是蛮干。一个人，能否干好事、干成事，究竟是事业有成还是一事无成，高低成败就在于善于巧干还是只会蛮干。

加班定律：优秀的人会高效地完成工作

"我到一个企业的办公室看一圈，就知道这家企业管理者的水平怎么样。"某著名企业老总用非常"权威"的口气表示，"加班是企业文化的一种体现，好的管理者要让自己的员工充满主人翁的责任感，自觉自愿为企业的利益加班加点，而不是仅仅为了加班费。"这样的理论受到了不少老板的推崇。

某著名广告公司的办公环境受到了人们的普遍赞誉，该公司甚至在办公楼中为员工准备了可以与星级宾馆相媲美的员工休息室，里面不仅有舒适的睡床，卫生间里更摆满了各色洗漱沐浴用品。在该公司工作的一名员工说，他有相当一批未婚的同事就常年住在单位。如果说该企业还是以物质化的办公环境作为培养员工"加班习惯"的利器，那么被绝大多数企业广泛使用的"精神鼓励"则更符合企业主"无本万利"的心理。

不少企业主，都把松下、福特等国际大型企业中员工"以企业为家"的事例作为教育员工的案例，并将这种加班文化作为企业文化进行宣传。对这些企业来说，他们并不制定强迫员工加班的政策。但是，对于员工这种自觉加班的行为，他们会作为"优秀典型"予以肯定，认为这是员工对企业的奉献精神和凝聚力的体现，员工真正把企业当成了家，愿意跟企业同步发展。

但这种以精神鼓励为主的"加班文化"，实质上却是对员工无形的"精神压迫"。采访中，绝大多数被访者都表示，网上广为流传的"优秀员工之大腕版"中"周围同事不是加到凌晨两点就是三点，您要是加到一点，您都不好意思跟老板打招呼"的说法，虽然夸张，却是他们工作生活的最好体现。

要做就做最优秀的员工，天天要求工作，工作量最少也得十几个小时。早上六点就到，晚上还得加班，公司里全都是工作狂：光干活儿不回家那种……公司里搁着铺盖，24 小时候着，就一个字儿：累！一个月的打车费就得万儿八千的。

所以，很多老板都认为："不求最好，但求最累！"

不少公司员工被迫"自愿加班"，如果不加班根本就完不成任务；不少企业竟然大力鼓吹"加班文化"，声称其是企业凝聚力的表现，还召开大会，要员工们一起庆贺"职工主动加班创造业绩"。显然，这种"加班文化"不过是"强盗文化"，而企业或是老板无异于山贼。明明是被迫加班，明明是对员工身心健康、休息时间的掠夺，却要称之为"增强企业凝聚力"，称之为"员工把企业当成家"。

真正负责任的企业，决不鼓励加班，也不鼓励员工将工作带到家里继续努力；而是讲求劳逸结合，讲求效率。欧美规范运作的企业，员工都有很好的福利制度，时间一到准时下班，该到郊区度假的就度假，该探亲访友的探亲访友，想在家里睡觉的也可以睡个安稳觉。总之，上班的时间是属于企业的，下班后的时间完全属于员工自己。这是对员工休息权的尊重。法律也大力保护员工的休息权，一旦这种权利受到侵犯，员工可以上诉，工会也会出面维权。所以，欧美企业基本不让员工加班，即使需要加班，也要征得员工同意。

不少企业都将员工是否经常忘我加班作为考核参考项，那些"不辞劳苦"、"废寝忘食"的员工，经常被当作典范而加以鼓励和奖赏；而那些不经常加班的，则多少会被认为没有将工作放在第一位，久而久之在领导心中的形象也会悄然发生改变。

工作中有时为突击完成任务，或者因工作需要必须加班，这是工作所需。为了工作需要进行加班，是一般员工应尽的义务，这种加班是无可非议的。

如果一个公司的老板以加班作为衡量员工的品德和工作态度的标准，就一定错了。因为在工作中，个人的能力有限，但是在有限的时间中做好本职工作是一个员工的责任。有的人 8 小时内可以做好本职工作，任务可以完成；但是有的人是靠磨时间来混工作的，再多的时间，也是做不好；做得太多，根本就没有效率，何必浪费时间呢！

无论对个人，还是对企业而言，员工长期加班都可能是潜在问题的警讯。需要检讨工作效率是否有改善的空间，时间管理是否得宜；以企业内部管理者的角度思考，则需要重新评估，人力和各项资源配置是否有问题。

最可怕的是所谓的恶性加班：部门内的同事或出于同事间的比较压力，或出于讨好老板的心态，不论有事没事一律爱装忙，明明过了下班时间，就是不肯离开工作岗位，让加班成为约定俗成的习惯。这种加班竞赛，不只扭曲了工作的意义，更可能造成不必要的人力浪费，对组织营运的伤害很大，实在是职场中不能忍受之恶。

 **· 魔 律 要 点 ·**

"月亮走，我也走"，领导到了下班时间不走，下属就不能理直气壮地走。加班等于敬业，至于效率可以不闻不问。而领导不在的时候，加班等于白加。

转移定律：坏情绪是人际关系的无形杀手

发脾气是人们心理压力过重的外在表现。发脾气可以使上司释放过大的压力。上司不只是享有权力，还必须承担相应的责任。所以心情难免紧张，很容易被下属的行为激怒。

当你面对上司发脾气时，即使你有理，也应该先忍一忍，从长计议，这才是万全之策。忍耐比抗拒更有效，即使你在情感上掩藏着极大的不满，也要理智地执行上司的命令。

顶撞只会使自己与上司的关系在某个特定阶段陷入紧张的状态，进入不愉快的氛围之中。日后想缓和、改善这种僵局，那你所付出的代价可能比你当时忍辱负重所付出的代价不知要大多少倍。

下面这个故事取自发生在现实中的一则新闻，它虽然看似有点荒诞，却是职场中转移定律酿成恶性后果的一个最好诠释：

一位丈夫在单位里挨了领导的骂，憋着一肚子气回到了家中。吃饭时，妻子温和地给丈夫夹菜，丈夫说："我自己没长手吗？不是我说你，这菜做得越来越难吃！"这时，儿子撒娇地说："妈，我要吃鱼，帮我夹。"妻子转头就是一句："你没手吗，自己夹！"家里的那只小猫，平时和儿子玩得最好，正朝他摇尾巴，儿子心里窝着一把火，朝它狠狠踢了一脚。受惊的猫冲到街上，正遇上一辆车迎面开来，为了避让猫，司机轧死了旁边的一个小孩。

情绪转移是一种心理防卫机制，某一对象受到刺激，将愤怒或喜爱的感情，以情绪化的方式转移到比自己级别更低的对象身上，从而化解心理焦虑，缓解心理压力。

和细菌病毒一样，坏情绪也具有很强的传染性。美国洛杉矶大学医学院的心理学家加利博士做过一个心理学实验：他让一个开朗、乐观的人与一位愁眉苦脸、抑郁难解的人同处一室。结果，不到半个小时，这个原本乐观的人也开始变得长吁短叹起来。

一些不顺心的事情会制造一些不愉快的情绪，如果没有及时得到宣泄，将会有碍身心健康。但是，如果遇上不顺心的事情，就将不愉快的情绪向家人或朋友发泄，有可能伤害亲人，影响家庭、同事间的和睦关系。

因此，当你受到不公平待遇或意外伤害后，不应将心中的怒火发泄到他人身上，而应寻求一种不对任何人造成伤害的、比较理智的方法排解情绪。

晓华是一家金融公司的经理，在总结自己取得的辉煌成就时，他说道，那是得益于年轻时养成的一种调整情绪的习惯。

在他还是公司的小职员时，经常受到同事们的轻视。有一天，他感到实在忍无可忍，决定离开公司。临行前，他用红墨水把公司里几个老爱欺侮他的人的缺点写在一张纸上，将他们骂得体无完肤。骂完后，他的怒气逐渐消去，而后决定继续留在公司。从那以后，每当心中有怨气，他就用红墨水把满腹牢骚都写在纸上，之后，他会感觉轻松不少，好像一只被放了气的皮球。当然，这些纸条他从不示与他人。

坏情绪是影响人际关系的无形杀手。当你被坏情绪困扰时，不妨尝试进行自我调节和放松。某件不顺心的事情让你烦躁、暴怒时，可以有意识地做点别的事情来分散注意力，缓解情绪，如听音乐、散步、打球、看电影、骑自行车等户外活动有利于缓解不良的情绪。

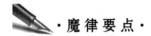 **·魔律要点·**

坏情绪是人际关系的无形杀手。上级的坏情绪可能会转移到下属身上。当你受到不公平待遇或意外伤害时，不应将心中的怒火宣泄到他人身上，而应寻求其他不会对他人造成伤害的理智方法作为调节坏情绪的突破口。

竞争定律：真正的胜利者用实力说话

两个同龄人同时受雇于一家零售店铺，并且拿着同样的薪水。

做了一段时间之后，名叫荷太的小伙子青云直上，而那个叫泰常的却仍在原地踏步。

泰常很不满意老板的不公正待遇，终于有一天忍不住跑到老板那儿发牢骚。老板一边耐心地听着他的抱怨，一边在心里盘算着怎样向他解释他和荷太之间的差别。

"泰常，"老板开口说话了，"你到集市上去一下，看看今天早上都有什么货。"

泰常从集市上回来向老板汇报说："今天集市上只有一个农民拉了一车土豆在卖。"

"有多少?"老板问。

泰常赶快又跑到集市上，然后回来告诉老板一共有 40 袋土豆。

"价格是多少？"

泰常又第三次跑到集市上问了价格。

"好吧，"老板对他说，"现在请你坐到这把椅子上，一句话也不要说，看看别人是怎么做的。"

老板把荷太叫进来，也问了同样的问题，荷太转身就出去了。不一会儿荷太从集市上回来了，并汇报说："到现在为止只有一个农民在卖土豆，一共 40 袋，价格是每公斤 0.75 元，质量很不错。"他还带回来一个让老板看看。经理觉得这些土豆确实不错，说可以进一些货。荷太又对经理说，那个人一会儿还要运 10 筐西红柿来，只是价格还没有谈妥，所以他把那个人带来了，好让经理与其商量一下价格，此时那个人正在门外等候。经理对荷太的做法非常满意。

同样是办一件事，泰常分几次去做，而荷太一次就能做到位，而且还带来了样品和信息，这就是两个人能力的差别。

此时老板转向了泰常，说："你现在知道为什么荷太的工资比你高了吧？"

社会很实际也很残酷，你行就行，不行就得一边站，职场中只认实力。在社会竞争越来越激烈的今天，职场竞争归根结底就是实力的竞争，是英雄还是狗熊，是骡子还是马，最终要靠实力来证实。

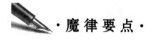 **·魔律要点·**

在竞争激烈的职场，提高自己的竞争实力，才是胜出竞争的王道。

归因定律：错误若未及时铲除，就会到处滋长

灰心丧气的乔·卡列找到一个职业规划师寻求帮助，职业规划师对乔·卡列的性格、经历等进行全方位分析后，认为他最适合做推销工作。乔·卡列听从了规划师的建议，于是他来到了雪佛莱汽车公司，在短短 3 年内就成为了推销冠军，被称为"世界上最伟大的推销员"。

从实际出发的自我定位，能使自己的发展更加稳定。很多人事业上发展不顺利不是因为能力不够，而是选择了并不适合自己的工作。在选择之初，没有认真地思考一下"我是谁"、"我适合做什么"；也因为不清楚自己要什么，从而无法体会如愿以偿的感觉。有些人把时间用于追逐不是自己真正适合的工作上，但是随着竞争的加剧，会感觉后劲不足。只有找到准确的定位，才可能获得更加长足的发展。

发扬实事求是的精神，需要我们正视并改正自己的错误。人非圣贤，孰能无过？关键在于我们对待错误的态度。托马斯·卡莱尔说过："最严重的错误莫过于不觉得自己有任何错误。"错误像花园中的杂草，若未及时铲除，就会到处滋长。不要怕认错，因为我们无法做到百分百的正确。一个对了百分之六十，而乐意把另外百分之四十的错误改正过来，他就是一个很不错的人。一个肯承认错误的人特别受人尊敬，这是大人物的特点。

有了错误，及时纠错，能够将错误所带来的损失降到最低限度，这也是优秀人物必须具备的品德和修养。反之，一味地掩饰，只会越抹越黑，越走

越错，结果只能是失败。无论是一名领导者、管理者，还是一名员工，知错就改的自我纠错精神在工作中相当重要。

作为职场中人，如果觉得自己真是怀才不遇，那么不是别的问题，根本问题还是在自己。自己的问题一般有三：

一是才艺不够精，即才的成色不足。不怕别人不知己，就怕技不如人。自认为自己才华出众，才高八斗，其实还差得远，真要给些实际问题，还真解决不了。许多出校门不久的学生常会碰见这样的问题，总认为领导不重视自己，很想一展身手；然而一旦组织交给自己一些任务时就会出现两种情况：一是手足无措，不知道该如何干；二是盲目地认为该怎么干，结果一干就错。

二是影响才能发挥的要素不具备。大致有四方面：第一，德不足。"德，才之资也"，德是才的资本，厚德方能载物。如果只有才而缺德，才是很难发挥出优势的。第二，人际关系紧张，导致让自己才能发挥作用的成本非常高。第三，自己与环境文化不能融合，导致自己与组织不合拍。与组织文化对抗，失败的肯定是自己，这不仅仅是能力发挥大小的问题，也是自己能否适应和生存下来的问题。第四，身体健康的原因。

三是自己不能与时俱进。这个时代变化太快了，知识更新和技术更新都非常快，过去掌握的熟练技能很可能转眼之间就无用武之地了，而自己还浑然不觉，还到处炫耀自己的才技，还酸腐地自称怀才不遇。因此，作为职场中人，学习是非常必要的，只有持续性地学习新知识，掌握新技能，才能永葆自己的才华。

要有一种强烈的求知欲望，与时俱进，无时无刻都不放松对新业务的学习，并且要做到学有专长，成为某一方面的骨干或"尖子"。如果放弃对新知识的学习、新技能的掌握、新问题的研究，你即使是个"老兵"，也有可能落伍。因此，无论年龄大小，从业时间长短，都要坚持学习。

业务要学好，必须要两戒：一戒懒惰。人都有惰性，戒懒与戒毒差不多，知易行难。许多人本可成大才，就是"懒惰"二字使他们与成功无缘。去掉懒病，心想事成，不妨一试。二戒虚荣。怕丢脸面，不懂不问，不懂装懂，这是学业务之大敌。不会不为耻，不懂就要问，几天弄懂一个问题，几年下来，恐怕要成为本专业或本岗位的业务骨干了。这并不是说，每个人要对所处企业的业务全面通晓，但起码要在和自己相关的业务上真正搞懂搞通，在一定的范围之内是"权威"、"专家"。市场经济，就是"优胜劣汰"、"适者生存"。没有本事、没有专长的人，生存的空间将会越来越小。你是一只羊，那你随时都有可能给狮子喂肚子；即便你是一头狮子，生病了、衰老了、跑不动了，照样也要饿肚子。马克思说："不学无术在任何时候，对任何人都无所帮助，也不会带来利益。"在一个工作岗位上离开钻研业务谈进取，那是一句空话。

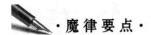

· 魔律要点 ·

有了错误，及时纠错，能够将错误所带来的损失降到最低限度，这也是优秀人物必须具备的能力和素质。反之，一味地掩饰，只会越抹越黑，越走越错，结果只能是失败。无论是一名领导者、管理者，还是一名员工，知错就改的自我纠错精神在工作中相当重要。

Part 8
万变世界绝对不变的两性魔律

恋爱固然美好，一旦双方步入婚姻的围城，便会失去恋爱时的新鲜感，渐渐被生活的琐事缠绕。然而，婚姻生活同样可以延长保鲜期，同样可以用激情和惊喜来点缀。

视觉定律：思想是男人的肌肉

我们常说，雾里的花，月下的人，夕阳下的苍山，田野的落霞，这些意境，恰恰是距离造成的。男女交往的恰当距离，应有两个手臂之长。这是女性"矜持空间"的语言。

"矜持艺术"建构了情感的"中断"和"连接"。矜持，是交流的中断；交流，是间隔的连接。在"间隔"和"连接"中，体现了交流的节奏。俗话说，没有不散的宴席，没有无终的欢畅。无非是说，人需要交流，同时也需要间隔。聚聚散散，散散聚聚，就是一种节奏。相逢为了相别，相别常思相逢。

因此，人间的离情别意才显得更有味道。如果宴席三天不散，五天不停，持续一个月两个月……我看，任何美好的情感，也会荡然无存了。

某夫妻自认识到结婚五年来，在不断的吵架中过日子。曾经多次分居，最终又亲密接触，在这样的循环中过了一年又一年。每次的循环如出一辙——先是吵嘴，慢慢地变成大闹，进而怒目相向，直至妻子跑回娘家，丈夫长驻办公室。等真的不在一起，没有了"敌人"，两人倒互相牵挂起来，念起对方平日里的诸多好处，亲戚朋友也恰到好处地准备好台阶，于是在众人的帮助之下，这对夫妻又走到一起。经历了一番折腾，似乎感情又深了一层，双方更温存体贴一些。

如何去看一个男人，是摆在女人面前的一个永远谈不完的话题。很多女人认为：男人难看，偏要去看；男人难懂，偏要去读懂。

如果你是一个女人，该如何看懂男人呢？

思想是男人最强的隐蔽力量，是做人的智慧与谋略。男人有思想，才能积极主动地创造成功的机会，寻找生活中的快乐，从而打造丰富多彩的人生。

思想对男人而言是最复杂、最深奥的。笛卡儿曾说："我思故我在。"由此看来，思想是与生俱来的，只有你有思想了，才能证明你的存在。思想不仅与男人的学历、知识有关，也是对自然、对生活、对人生、对自己的一种最本质的领悟。即使一个目不识丁的男人，也可能是一个有思想的人。男人要有思想，因为男人肩负着"成功"的重任，而"成功"的核心，某种意义上就是"思想"。

男人千万不能逞匹夫之勇，而应运用你的智慧和思想去打拼。一个国家，因为"思想"可以复兴，进而强大；一个民族，因为"思想"可以兴盛；一个男人，因为思想才能够走向成功。

思想是男人的立身之本；是男人为人处世、顶天立地、是非分明、敢作敢为、堂堂正正、无愧无悔的基石；是男人成长为巍巍高山、葱郁大树的根基。有思想的男人，才能经受住人生的历练，走向成熟。

女人读男人，读出来的，应该正是男人的思想。

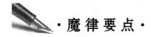

·魔律要点·

对女人要远看，对男人要近看。距离，使女人产生美感；思想，使男人具有魅力。

光环效应：爱情也有保鲜期

爱情的保鲜期是一年，保质期可以是一辈子。爱情能够制造"光环效应"。心理学认为，当人与人之间距离较远时，容易把对方理想化，并且凭着自己的想象给对方套上一个美丽的光环，这个光环几乎掩盖了对方的所有缺点。一旦两人距离变小，光环很快就会消失，取而代之的是将对方的缺点放大，以前的那些优点则凭空消失了。这时，有些人选择通过分手寻找新的恋情来寻找当初心动的感觉和想象中的完美，用再一次的爱情游戏来欺骗自己；但只要走近，光环还是会消失，结果是相同的。

恋爱中，双方由于彼此爱慕会产生非理性的思维，恋人之间会相互认为对方的确是完美无缺的，在朦胧之间给对方过高的期望。

现实中，我们必须要清楚的是，婚姻生活并不如想象中那样美好。婚前在光环笼罩下的双方缺点，在婚后都会暴露出来。双方都会自然而然地以自己素有的体验来看待对方，这样势必会出现对对方的不满、苛责，要求对方与自己一致等一系列问题。

在文学作品中，一见钟情是富有戏剧性、充满浪漫诗意的主题，而在报刊中，我们更多看到的是一见钟情后由于性格等方面的问题导致的分手。社会的婚姻指导也常以此来告诫年轻人恋爱要慎重、理智，那是因为一见钟情往往凭借直觉，是盲目性较强的心理吸引；而这种在瞬间萌发的恋情虽可撞击出炽热的火花，但并不都可靠持久。

英国科学家还从神经生理学的角度解释了爱情为什么是盲目的。研究发现，脑部扫描显示当情侣沉溺爱河时，会失去批判能力；扫描显示，爱情会加速脑部奖赏系统特定区域的反应，并减慢作出否定判断系统的活动。当奖赏系统占据了某人的脑部主体时，脑部会停止负责批判性社会评价和作出负面情绪的网络的活动，这就很好地解释了爱情的魔力，也很好地解释了爱情的盲目性，即处于一种意识恍惚的类催眠状态之中。

其实，延长爱情保鲜期是很容易的，只要我们从生活中的点滴做起就可以了，我们来看看下面这对浪漫夫妻是如何给爱情保鲜的：

婚后一起相处的日子，并不像恋爱时那样浪漫，我的爱人长期忙碌于工作，不知道无意中冷落了我多少回，经常是临时有事情无法准时回家吃饭，准备的饭菜就只有自己品尝，吃起来没有滋味，但是，他回来后总是表示，他愿意吃我煮的剩饭，并恭维我几句，这都让我非常开心。

记得一次我们去大森林里郊游，听松涛阵阵，看飞流直下的瀑布，陶醉于大自然的美丽景色中。我将我的美好设想告诉他：等退休的时候，离开喧闹的城市，到美丽的大森林安家，在山区里过田园生活，与心爱的人一起种点小菜，听听音乐，喝喝小茶，还可以用山上的古藤编个秋千，过着安逸的生活，他总是笑着满口答应。有时他还会给我一些惊喜，这时候，我会感觉我是全世界最幸福的女人，平时被冷落的滋味马上烟消云散。

生活中小小的浪漫，是很容易做到的，何不用这简单的浪漫，让我们的爱情永远新鲜，让我们的生活充满阳光，生活在甜蜜的空间，与爱人携手到老，让爱情保鲜期天长地久？

·魔律要点·

如果对人的某种品质或特点有清晰的知觉，这种强烈的知觉，就像月晕形成的光环一样，向周围弥漫、扩散，掩盖了对这个人的其他品质或特点的认识。而婚后，你则要试着去接受对方的不完美。

寻偶定律：男人要去爱，女人要被爱

在我们的一生中会遇到你最爱的人，最爱你的人，就是要共度一生的人。首先会遇到你最爱的人，体会到爱的感觉；因为了解被爱的感觉，所以才能发现最爱你的人；当你经历过爱人与被爱，学会了爱，才会知道什么是你最需要的，也才会找到最适合你、能够相处一辈子的人。但很悲哀的是，在现实生活中，这三个人通常不是同一个人；你最爱的，往往没有选择你；最爱你的，往往不是你最爱的；而最长久的，偏偏不是你的最爱也不是最爱你的，只是在最适当的时间出现的那个人。

婚姻和爱情的最大不同点就是，爱情光靠感情就能维持住，而婚姻不仅需要感情，还需要很多实际的东西，比如说体贴、关爱、互助、经济基础等。爱情的最终结果是婚姻，所以女人在选择到底该嫁谁时，必须要考虑婚姻的实质和内涵。

所以，嫁人还是嫁一个爱你的人好些。这样婚姻生活的风险系数就会低很多，毕竟谁也不愿意随便就离婚。

选择了什么样的爱人，就等于选择了什么样的人生。俗话说，男怕入错行，女怕嫁错郎。男人何尝不是。写《菜根谭》的洪应明就说过："悍妻诟谇，真不若耳聋也！"大文豪莎士比亚一生写下了众多精彩的戏剧，但是他的婚姻观却没有任何浪漫色彩。因为他明悉婚姻道路的艰难，更了解生活会耗损爱情。人活这一辈子，究竟有什么是我们必须要的？真正需要的，就是良好的心态和闲适的心情。

男人的择偶心理与女人大不相同，而且他们在择偶时并非出于单一的心理类型，而常常是由许多心理交织而成的，仅仅是以某一种心理倾向为主而已。可是这种极其复杂的择偶心理，关键取决于一个人的人生观、恋爱观和价值观等。

很多男人都希望自己的对象再漂亮一些，这是人之常情。可是，假如一味地追求外表美，往往会走上歧途。靠对方的漂亮外表而产生的爱情，是很短暂的。爱情往往伴随着外貌的衰老而衰亡。就像歌德说的一样："外貌美仅仅能够取悦一时，内心美才能历久弥新。"

一天，一个男孩对一个女孩说：如果只有一碗粥，我会把一半给我的母亲，另一半给你。

于是，小女孩喜欢上了小男孩。那一年他12岁，她10岁。

10年过去了。有一年的夏天，大雨一连下了七天，村子里发洪水，小伙子不停地救人，救了老人救小孩，唯独没有亲自去救她。

当她被别人救出后，有人问他：你既然喜欢她，为什么不救她？他轻轻地说：正是因为我爱她，我才先去救别人。她死了，我也不会一个人活在这个世界上。

那一年，他们结婚了，他22岁，她20岁。

后来，全国闹饥荒，他们穷得揭不开锅。一天，家里只剩下一点点面了，她做了一碗汤面。他舍不得吃，让她吃；她舍不得吃，让他吃！

三天后，那碗汤面发霉了。

当时，他42岁，她40岁！

许多年过去了，为了锻炼身体，夫妻俩一起学习气功。他们跟着儿子住到了城里，每天早上乘公共汽车去市中心的公园。有一天，一位青年人给他让座时，他俩都不愿坐下而让对方站着。

那一年，他 72 岁，她 70 岁。

她说：10 年后如果我们都死了，我一定变成他，他一定变成我，然后他再来喝我送他的半碗粥！

70 年的流年岁月，这就是爱情。

社会物欲横流、拥挤浮躁，人们在为自己打拼的同时却忽略了很多值得珍视的东西，在有些人眼里，面包比一份纯真的爱情来得更为诱人。不管你工作多累，生活多苦，都请你相信：只要你的心里存在一份真感情，你也会跟他们一样幸福。

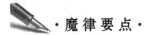

·魔律要点·

爱与被爱，有人说勇敢地去追求所爱的人才是幸福的，才是聪明之举。也有人说被爱才是幸福的。

在现实的求偶中，男人选择他爱的女人，女人选择爱她的男人。

结婚定律：婚姻是爱情的新生，而不是坟墓

有人说："婚姻是爱情的坟墓。"不管这句话是真是假，婚姻对于恋人来说，无疑是对自己爱情的一个考验。而婚前的"最后自由"时光很容易使"准新人"暴露出一些婚姻中的隐患来。

如果你去听听男人们是如何谈论婚姻的，你就能知道他们并不怎么喜欢婚姻。

在一幅漫画里，一个年轻人的手里拿着一顶帽子，站在一位坐在椅子上的老人面前。老人说："不行，你绝不能娶走我的女儿。但是，你可以考虑把我的妻子带走吗？快带走我妻子吧，求你了。"

这笑话听起来使人感觉婚姻是一个使男人们痛苦不堪的陷阱。你绝不能轻信男人们的玩笑。专家的研究表明，男人不断地寻找婚姻，在数量上大大超过了女性，90%以上的男人在不同的年龄结婚。就算是结婚以后，男人对自己的选择仍然会感觉不满意。尽管不满意，在一项调查中，87%的已婚男人却认为，假如让他们重新选择，他们仍然和现在的妻子结婚，可是仅仅有70%的女人表示会再一次选择现在的丈夫。

其实，婚姻对于男人来讲比对女人更有益。不管是在身体方面还是在社交方面，结婚的男人看起来比单身男人更加健康，更加容易成功，犯罪的可能性也相对小一些。为什么他们的埋怨还这么多呢？为什么他们还要诋毁婚姻呢？其实，男人们对于婚姻的口头诋毁，是对婚姻依赖的一种补偿性的反应。

如果一个男人对那些家伙说他不想跟他们去喝酒，他绝不会说这是因为他想回家陪老婆。如果他意识到了自己需要你，他绝不想对别的男人承认这一点，因为这样做会受到别人的嘲笑与指责。他会解释道："我要回家，妻子渴望见到我。"而绝不会说："我要回家，我需要妻子。"

什么样的人才应该去结婚呢？认识了婚姻的"抉择真谛"的人！

婚姻的抉择真谛是——决定成婚时，明知很可能会有更好的人出现，但是此时此地此生，我就是选择了你。打个比方：在宽广的未来森林里，也许会有无数只孔雀可以和你结姻缘，可是你宁愿选择眼前的唯一——也许只是母鸡或小麻雀，但重要的是，从现在开始，彼此义无反顾、全力以赴地去经营婚姻。

对许多黄脸婆和白发王子而言，和对方一起成熟、一起步入黄昏，就是一种幸福，对方是不是最好的根本不重要。外面是不是有更好的，他们也根本"看不到"。这正是婚姻的庄严与美妙：婚姻不是条件的比较，而是选择的艺术。婚姻是彼此在适合结婚的季节里，潇洒地做独一无二的选择。

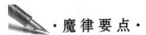 ·魔律要点·

选择适合的人，共同步入婚姻，然后义无反顾、全力以赴的去经营。

表现定律：爱情中的小殷勤

每一个男人都知道，用殷勤、奉承的方式可使他的太太自愿地去做很多事情，而且是不顾一切地去做。他知道，只需夸奖她几句，说她家庭管理得如何头头是道、井然有序，说她饭菜做得如何可口美妙，说她如何巧妙地帮助了他却不必花他一分钱，她就会把她的每一分钱都赔上了。每一个男人都知道，如果告诉他太太，说她穿上去年的某件衣服将会是多么地美丽可爱，她都会心花怒放，甚至会舍弃去买最新款式。每一个太太都知道，她丈夫是知晓这些事情的，因为她早已经傻傻地把应该如何对待她的方式全部告诉了他。但他却总是不顺从她的意思。

因此，如果你要维护家庭生活的幸福快乐，那就不妨在生活中向对方献点小殷勤。当然，这殷勤必须是完全出于真心的。你手中的礼物可以不贵重，你安排的晚餐可以不浪漫，你第一次做的饭菜可以不好吃，但只要是出于真心，任何稀松平常的东西在对方看来也都成为了最喜欢的珍品了。假使不是这样，就算你为对方买漂亮衣服、新型豪华轿车，或者吃一顿奢侈的法国大餐的时候，对方心里肯定也会犯嘀咕：我到底是该喜欢他呢，还是讨厌他？

那就从现在开始注意吧：

身为丈夫的你，偶尔下班的时候在路边或花店买一束玫瑰花，在妻子为你开门前偷偷藏在身后，然后给她一个小小的惊喜。或者每到结婚纪念日，相约出去共进晚餐，或者给对方准备一个小小的礼物。

不要以为送东西给女人一定要送得贵重，诸如名贵的法国香水，或耀眼夺目的金银首饰，或最少99朵鲜艳的玫瑰……其实这都是错误的想法。婚姻中的女人并不总是爱慕虚荣的。她更看重的其实是你的一片痴心。在她看来，你特意去郊外采来的一束小花，一个你自制的小小的纪念品，都是大大的惊喜。总之，只要能显示出你对她的一往情深就行了。

身为妻子的你，可以在丈夫离家去上班之前，帮他整理一下领带，帮他弄齐那不太听话的头发。一个小小的动作会使男人心中顿生温暖，如此温柔的妻子，他怎么舍得离开你呢？丈夫升职，自己可以刻意地去准备一桌丰盛的饭菜，犒劳对方为家庭付出的辛劳和汗水，让他感受到更多的温暖情意。生活就是这样，在彼此充满爱意的细节中越来越醇，越来越香，越来越稳固。

没有一个人会因为受到情人的体贴而生气。自古以来，男人都渴望得到女人的温柔体贴。

那时，她跟一位男性在谈恋爱。

在情人节前几天，她跟同学到欧洲观光。那是大学的毕业旅行，她们准备在欧洲停留两个星期。

不过，在情人节的当天，他却收到她寄出的巧克力。

那一大盒巧克力并非学生购买的那一种，而是成人女性所青睐的那一种高级品。原来，体贴的她在出国以前，就专程到巧克力名店寻找，并且叮咛店员在情人节那天，把她购买的那一盒巧克力送到他的住处。

当然，他非常地感动。

这是一位体贴入微的女性。一旦如此地被"体贴入微"，男性对她的爱将在无形中倍增。这也是女性展开的最有效的"攻心战术"。

其实，并不限于情人节，也可以在其他时候表示对他的体贴入微。

女人可以不漂亮、不性感、不聪明，但绝对不可以不温柔。因为没有了温柔的女人，整个儿就是一头河东狮，不仅男人害怕，其他的女人也会心悸。没有了温柔的女人，就像没有了女性的性别特征，那还能叫做女人吗？其实对男人而言，什么都能承受，什么都可以抗拒，但最经受不住的是女人的折腾，最抵挡不住的是女人的温柔；前者除非命中注定，否则一定不会心甘情愿；后者只要一旦遭遇，无论如何也会乐此不疲。

·魔律要点·

男人在恋爱时表现得最勤快，女人在恋爱时表现得最温柔。

变化定律：读懂男人外刚内柔的心

什么样子的男人是勇敢的男人呢？先听我讲一个小故事。

一次国务会议上，克林顿突然发问："作为世界上唯一的超级大国，或者说一个男人，在怎样的情况下需要一忍再忍？"国务卿鲍威尔说出了这样的名言："当妻子骂我们的时候，我们忍无可忍也得忍。"我觉得，男人的爆发在很多时候不是勇敢，而男人的忍无可忍也忍下了才是真正的勇敢；因为忍的不是别人，是自己的老婆。我一直认为：一个女人托付终生于一个男人，是这个男人的福分；作为男人，我们还有什么不能牺牲，还有什么做不到的呢？

男人意味着阳刚、强壮、豪迈；男人创造着世界，扫荡着世界，安排世界或征服世界；男人具有天然的侵略性、主动性、进攻性等，这些话我们经常听到。西方最早的女性夏娃是上帝用男人亚当身上的第13根肋骨造的。男女的孰强孰弱应该可想而知。

自古英雄难过美人关，无论古今中外。美人大都是妩媚顿生、妖娆万分、风情万种的女人。中国古代的西施、武媚娘、杨贵妃等无不是以妩媚娇艳而迷倒众多男人。当然，也不是所有的男人都能得到美女的青睐的。首先，男人需要有一定的能力，一定的素养，一定的财力与权力。

许多女人，总想留住自己的青春和美丽，不惜花费很多的精力去打扮自己，小心呵护自己的容颜。她们或许不在乎老人的安康，疏忽家人的冷暖，她们的目光，更多的聚焦在名牌服装或者发型的改变上。温柔的女人，不会过多地去矫饰自己的容颜；她们把更多的时间献给了自己身边的人。尽管不再年轻，尽管时间的巨轮残酷地在那平滑的脸庞上碾下凌乱的皱纹，但温柔的女人依然是温温情情、真真切切、精精致致，悄悄地关爱着身边的亲人，在细细碎碎的呢喃中越发娇艳欲滴。她们的温柔比鲜花还要触动人心，她们的细心比鲜花还要清新，她们的善良比鲜花还要圣洁。温柔的女人，获得了永恒的美丽！

作为女人，你可以不够聪颖，不够美丽，不够坚强，但你不能不够温柔！你拥有了温柔，就拥有了永恒的美丽！

男人年轻时，选老婆或选女友，大都是看身材和脸蛋，人品性格和脾气常常都是次要的；到了中年时，才会发现：原来，女人的美，不在外表，而在具有包容心和好脾气的个性。

全天下的女人们都没想透，男人其实是很好"哄"的。

男人要的只是一种类似母爱的包容和关怀，一种无怨无悔、夫唱妇随的契合感觉。这里并非把女人当跟班或第二性，也不是歧视女性。男人要的就只是那种即使自己再落魄、再倒霉，她也不弃不离的那种生死相随的感情。

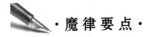 **·魔律要点·**

男人在女人面前会变得勇敢，女人在男人面前会变得娇媚。

爱人定律：浪漫是维持感情的鸡精

不管哪个男子，都无法娶维纳斯为妻。他应该从幻想的天国降到现实生活里来，把注意力集中到现实生活里的女人身上。

一个男人爱上了一个女人以后，她在他的心目中会立刻变成最出众、最美丽的女人。换句话说，她变成了他的中心。他能够千方百计地在这个中心里旋转。

诚然，寻找这样的意中人，往往是爱情的痛苦前奏。那些有幸坠入情网的男人，常常把那"不能代替的她"的品质完美化，而把其他女人估计得低一些，并且在某种程度上贬低其他女人。

"自从我爱上了你以后，我感觉其他的女人都很奇怪，简直俗不可耐。我们为什么要相爱呢？我只看到了你一个人，我只喊着你的名字，这太奇怪了!"

男人对爱人的这种强烈偏爱，其实是感情专注的结果。男人经常在心里对各种人按照其价值和品质加以排列，在这座金字塔的顶端，他往往摆上意中人，将其当成亘古不变的理想，他绝不容忍把她和其他女性加以比较。绝不能因为这种"偏爱"不太客观而小看了它的作用，它常常变成你与他的爱情的最有效的粘合剂。不过，狂热的爱情以及似火的浓情并不是一劳永逸的"高烧"，随着时光的流逝，这种激情往往都会被磨蚀。男人的爱假如没有增加新的内容，他就会对新的女人频频关注。

做女人难，做好女人更难。有些女人和丈夫结婚多年，勤勤恳恳，任劳任怨，辛辛苦苦操持着一个数口之家。男人一句话——"一个地道的家庭妇女"，就几乎完全否定了女人的功劳，似乎你与他并不般配。当你牺牲了自己的事业，放弃了自己的工作，为了生儿育女，为了婚姻和家庭，青春消失殆尽，鱼尾纹爬上了眼角，却没有人感恩，没有人怜爱，别人似乎已开始为换夫人造舆论，你该是多么地伤心。男人虽然有好坏之分，但是在对待女人这个问题上，都有可能是十分无情的。任何一个女人都不应该把幸福的希望寄托在男人的人格操守上，而应该把希望寄托在自己身上。没有人可以给你幸福的生活，只有自己可以给自己带来幸福的生活。

在一些已婚男人的眼里，老婆是自家的"固定资产"，因而不再情愿太太像过去那样打扮得靓亮动人，出外广为交际，成为大众风景，甚至对太太采取了诸多的限制；同时，为了节省家庭的经济开支，打心眼里害怕太太消费，其结果是太太不仅在外人看来不再有动人的风姿，而且在自己的眼里也失去了往日的魅力，成了所谓的"黄脸婆"，两人的恩爱不再，男人的激情如退潮般消失。

不少已婚男人认为，太太必须顾家，勤于操持家务；假若还常常外出交际，便会被斥为花瓶，不是一个好女人了。可你有没有想过，单位、家庭两点一线的单调生活也会抹杀她的情趣和亮丽，对生活、对爱情不再有激情，也就疏于打扮，形象大打折扣。在这时，你可能会想起那些在外面世界如花蝶般纷飞的女人，回味她们的百般风情，也许你并没对她们动真心，但不可否认她们身上散发出的磁场与魅力，因为她们是鲜活的美人鱼。

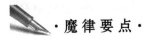 ·魔 律 要 点·

男人想当女人的初恋情人；女人想做男人的最后情人。

酸葡萄定律：吃得到的葡萄最甜

饿了两天没吃到一点儿东西的小狐狸，没精打采地四处寻找吃的。看到前方不远处的葡萄架上，挂着好多沉甸甸、水晶晶的葡萄串，小狐狸的眼睛一亮，来了精神。可是葡萄架太高了，任凭小狐狸怎么上蹿下跳，就是够不着，累得它精疲力竭地趴在地上喘着粗气。

微风吹来，葡萄叶在风中"沙沙"作响，好像在嘲笑它一样。小狐狸气得真想把葡萄根拔掉。但是过了一会儿，它又笑了起来，安慰自己说："那葡萄一定还没熟呢，要不然早就掉下来了；生葡萄肯定又酸又涩，吃到肚子里不闹病才怪呢！哼，这种酸葡萄，饿死我也不吃！"

于是，小狐狸饿着肚子，高高兴兴地接着找吃的去了。

有许多文人曾借用故事中小狐狸的"酸葡萄"心理，来讽刺那些在困难面前无能为力、自欺欺人的人。

其实，如果我们能够换个角度来考量，就会发现小狐狸实际是个极为聪明的家伙：既然发现"吃不上葡萄"是个难以改变的事实，就明智地丢开"葡萄"，将失落与懊恼一齐抛弃，轻松快乐地重新上路，开始新的寻找！

在现实生活中，这种酸葡萄心理效应可以解释很多现象。例如在学校中，某同学考试得了高分或是有一个漂亮的女朋友，而你却什么也没有，你就会有这种酸葡萄心理。这其中还有一个忌妒心在里面起作用。其实这种心理是不必要的，因为老天对每一个人都是公平的，有得必有失，鱼与熊掌是不可兼得的。

对于得不到的东西，每一个人的观感和反应都不同，一个相当普遍的反应是所谓"酸葡萄"反应；基于酸葡萄反应，逐渐形成一些传播很久的误解，例如：

"漂亮的女孩，很可能不太聪明。"

"有钱的人，通常并不快乐。"

"懂得理财的人，多半不懂得谈恋爱。"

"成绩好的学生，就不知道怎么玩。"

"畅销的书，不太有文学价值。"

其实，酸葡萄心理从某个角度来看也是值得同情的，并且无可厚非。对于得不到的东西，与其苦苦穷追不舍，对自己和别人都造成困扰，倒不如想开一点，虽然方法稍显笨拙，但是仍不失为明智之举。更何况，那颗吃不到的葡萄，说不定真的是酸的。

另一种人的心理和酸葡萄完全相反，在他们心目中，得不到的东西才是最好的，例如：

"追不到的女孩，才是最可爱的!"

"另外一座高山，才是最高的。"

"篱笆外的草，才是最绿的。"

"别人的太太，才是最善解人意的。"

这样的心理，固然能够激发上进心，促进努力，但也可能因此造成自怨自艾，其结果不见得比"酸葡萄"好到哪里去。

折中的解决方法是，稍微修改一下酸葡萄定律，使它从消极的否定，变为积极的肯定：甜葡萄定律——"吃得到的葡萄，很可能是最甜的。"

 ·魔律要点·

当个人的行为不符合社会价值标准或未达到所追求的目标时，人为了减少或免除因挫折而产生的焦虑，保持自尊，往往会给自己不合理的行为一种合理的解释，使自己能够接受现实。

求爱定律：爱情的追逐游戏

从前，有一个小男孩跟一个小女孩说，如果我只有一碗饭，一半我会给我的妈妈，另一半我就会给你。从此，小女孩就爱上了小男孩。可是，大人们都说，小孩子嘛，哪里懂得什么是爱。后来，小女孩长大了，嫁给了别人。可是每次她想起了那碗饭，她还是觉得那才是她一生中最真的爱。

多么熟悉、多么动人的一段爱情告白。

很难想象，一个工作繁忙的白领，有足够的闲情逸致，拿出大把大把的时间，躲在恋人的窗外，没完没了地诉说着："你是风儿，我是沙，缠缠绵绵绕天涯；天地悠悠，有情相守才是家；朝朝暮暮，不妨踏遍红尘路，缠缠绵绵，你是风儿，我是沙……"

比如说你对一个女孩非常有好感，又不敢表白的话，那该怎么办呢？从心理学的角度来说，女孩子大多不会主动出击，去追求自己喜欢的男孩。除了确实太喜欢了或者是那种比较有个性的、勇敢的女孩子。所以，如果你很喜欢一个女孩子，并且认为她对你也有点意思，那就主动点，别跟她搞拉锯战。自己难受，说不定你喜欢的人也痛苦。

任何一个女孩子在被人追的时候，心理都是很复杂的。她也许很开心，但是又带着点惶恐，她对这个闯进自己平静生活的男孩子，有着欲拒还迎的矛盾心理；她不是故意的，不要以为她在考验你，她其实也在和自己斗争，她怕受到伤害。

不要怕你的主动会让她反感，你不主动，她也不主动，也就慢慢淡下来了。如果你开始的表白被她拒绝，那也很正常。不要气馁，谁知道这个女孩子心里在想什么呢？也许你再表白两次，她就会被你打动；一个心地善良的好女孩是很容易感动的。如果你受到一次挫折，就立刻离开，再也不去搭理这个女孩，把自己紧紧地保护起来，默默地舔舐伤口；在你痛苦的同时，殊不知，那个女孩子也许也正在心里遗憾，后悔呢！也许她会偷偷哭泣，后悔拒绝了你，再看到你漠然的眼神，她也很痛心；但是她却不会对你说，绝对不会请求你回来追她。你过度的自尊心，可能会伤害了女孩子敏感的心。

有人说，男生真难，追女孩子太不容易了。可是我的感觉却是，这种现象跟男人和女人的社会角色定位是分不开的。从生理和社会的角度而言，女人总是被动的；如果反过来，让男人都脉脉含羞，女人变得勇往直前，世界才乱了套呢！女人的羞涩总是美好的、动人的。我总是听说，某个勇敢的男人战胜了多少困难，最终获得佳人芳心。相反的例子却少得很。

是男人就勇敢点，女孩子本来就感性，容易沉浸在爱情里。虽然你付出了辛苦，而一旦你的真心打动了她，那么你得到的将是更多、更久的加倍的爱。这样的例子，身边比比皆是。女孩子对自己的男朋友都是很温柔、很贴心的，为了换来这份甜蜜，开始的辛苦算什么啊？而且大多好女孩都爱得很投入、很专一。

 ·魔律要点·

男人追求女人，如隔着一座山——难；女人追求男人，如隔着一层纸——易。尽管如此，实际生活中，男人往往能追到他喜欢的女人，而女人却得不到她爱恋的男人。原因是：男人不怕翻山越岭，女人却怕伤了手指头。

初坠情网定律：都是甜言蜜语惹的祸

研究报告显示，男人通过观看异性获得的满足感比女性要大得多。报告称，脑部扫描结果显示，男性在凝视美女的面部或身体时，会触动大脑的"满足中枢"，从而产生快感，而女性却鲜有这种反应。

专家说："对男性来说，看到异性时的满足感在很大程度上受到异性外表魅力的影响；而对女性而言，外表魅力的影响力很小，甚至没有。"所以小男生爱美女，是再理直气壮不过的一件事。年轻男子尽可以去爱美女。事实上，美丽不过是一层皮，丑却可以丑到骨子里去。

都说女人是靠听觉来谈恋爱的，男人说几句甜言蜜语，便死心塌地地为他端茶送水、洗衣做饭。男人几句不费力气的好话，便换来了太太的做牛做马，这实在是太划算了。君子动口不动手，可就有无数女人甘愿如此，宁可陶醉于他的花言巧语中，变成一具幸福的干活机器。

一些笨嘴拙舌的好男人于是吃了大亏，辛辛苦苦赚钱养家，又兢兢业业做家务，像老黄牛一样鞠躬尽瘁，最后还被太太嫌弃——沉闷死板没情趣。真是太悲惨。

有一个女孩子，男友工作努力又顾家，可偏偏她被一个萍水相逢的小伙儿弄得神魂颠倒。自己的男友很少夸她漂亮，可是这个男人每次都会对她的每一个变化，每一种神情赞美一番。她竟不顾一切地抛下男友跟着情人到了另一个城市，不到两个月便伤痕累累地回来了。原来她的情人不但好逸恶劳还赌博成性，唯一的优点便是说话动听，引无数美眉上当。善良的男友还在不计前嫌地等着她，她却再也没脸去找他了。

都是甜言蜜语惹的祸，女人对甜言蜜语的免疫力怎么就这么低呢？宁可被甜嘴的男人所伤，也不愿和老实的男人凑和。

但是，甜言蜜语如果不能用实际行动来匹配，还不如不说。有些男人，永远是语言的巨人，行动的矮子。一个男人如果连为你洗一只碗都不愿意，见你生病躺在床上自己却花天酒地去了。这样的男人，就算成天叫你甜心宝贝、天使公主，对你说再多的我爱你，又有什么用？

·魔律要点·

女人姣好的长相，是使男人迅速坠入情网的"导火线"；男人的"甜言蜜语"是女人乐于被拉下爱河的"牵引绳"。

初恋定律：在燃烧中拥抱爱情

恋爱中的男女，总是神采飞扬，散发出独特的魅力。似乎一想到心上人，心头就有股莫名其妙的欢喜，眼睛也闪烁出一丝特别、柔和的光芒。

一个人谈了恋爱，即使他是何等地不起眼，或者自觉一无是处，但当他想到自己有吸引异性的魅力，无形中自信心就会增加，看到任何事物，心情也都十分愉快。因此，愈能受到异性青睐。

如果你曾经爱过，并且有过深深爱人与被爱的记忆，那时你是否就像被一股强烈的磁力所吸引，渴望和自己心爱的人形影不离，沉浸于无比幸福的感觉中呢？

有一个美丽的少女，素来鄙视爱。有一夜，在一个舞会上，她偶然和一个青年军官共舞了十分钟，她便写信告诉她的女友道：

"在那一刹那间，他便成为我的心的主人了。一见了他，把世上一切事都忘了，这是令我惶恐不安的。在我看见他的时候，我的灵魂究竟纷乱到什么程度？无论用怎样优美的词句，也绝不能传其万一，我只要一想起他，脸就红了。假使他那时第一句问我：'你爱我吗？'我除了答一声'嗳……'以外，是再没有气力了。我那时的心境，简直像是吃了毒药……不见了他，我好像什么希望都消失了。"

这个少女的心，的确是像被雷电一击般地打动了，这个雷电般的一击，能够使无论是男人或女人，陷入到一种发狂似的亢奋状态中，内心轰轰地在沸腾，在燃烧；他或她，只看得见对方的美，正所谓"情人眼里出西施"；他或她，便情不自禁地对初次邂逅的恋人，发出非常热烈的赞叹了。在恋爱初期，只要有一点希望，便好了；只要有机会，在一刹那间，便会实现初恋。

初恋时期的两性，他们的想象都是非常纯洁的，尤其是青年女子。青春之火在她的心里燃烧着，她的头脑里装满要把自己身心完全溶化进去的美妙的幻想。她每次去见恋人，心中所喜悦的，不是那男人实际的姿态，而是她自己头脑里幻想的姿态。

世上有些事情的神秘，是不可以说破的。

世上有些事情，是为我们敏感的心灵独自占有的。

初恋美丽如斯，又仅仅美丽如斯。

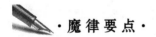 **·魔律要点·**

男人获得爱的方式是迅速出击，在燃烧中拥抱爱的烈焰；女人获得爱的方法是缓慢地渗透，然后在平静中品尝爱的芬芳。

热恋定律：热恋中的行为易出偏差

我们常常可以听到一个"傻乎乎"的女人对自己的恋人这样说："嗨，你就不能哄哄我吗？虽然我也知道你说的可能不是真话，但你哄哄我，我心里还是蛮高兴的啊。"女人之所以喜欢被哄，是因为女人永远需要一种"感觉的泡沫"，来沐浴她们那脆弱而敏感的神经，来满足她们内心的虚荣。所以，作为一个男人，你务必要懂得一点儿恭维女人的技巧。这不叫虚伪，不叫骗人，这叫智慧。

热恋中的男人，不再喜欢沉默，脑袋里突然清空很多，程序运转也特别快，许多经典的话题他都能敏捷地说出口。热恋中的男人，是个玩性十足、又绝不会认输的小孩；热恋中的男人，是个誓不低头的男人。

热恋中的女人又是什么样子呢？西方有一句谚语：热恋中的女人，是智商最低的。人的行为很大程度是由个体的情感及智力决定的。情感主要告诉我们该不该做，而智力则影响我们怎么样去做。当然，两者之间并不是截然分开的，而是相互影响、相互作用的。情感容易让人产生冲动，智力就比较理智。"热恋"是一种强烈的情感。在此种状态下，人的理智会受到压抑，往往会出现行为的偏差。

女孩子往往是很感性的。所以，当她们恋爱的时候，她们一心一意都是想着要对对方好。热恋中的女人，她的思维、语言和行动都呈无序状态，说这样的女人智商下降，绝不为过。

热恋中的女人很热衷于纠缠于一个古老而又愚蠢的问题："老妈和女友同时掉进河里该怎么办？"她肯定不愿意听到男人说首先救他老妈，可又不愿男人说抛弃老妈于不顾而先救女友。反正，此时很窘迫、很难堪的男人似乎特别令女人享受。女人也许不知，这个问题只能让男人陷入两难，进而撒谎。想证明自己在男人心中多重要，为何非要与男人的母亲来比较？

一天夜里 11 点多，有一位热恋中的女学生从某寄宿中学宿舍的二楼纵身跳下。她本以为，在楼下接应她的男友会接住他。可是，这么一个庞然大物从空中落下，谁能接得住呢？于是，悲剧发生了！女孩儿摔得脊椎粉碎性骨折，住进了医院。日后生活能否自理，都很难说。那个男生，吓得逃之夭夭。

据说，这个学校的女寝室，经常有女生从二楼跳下，只是身手矫捷，得以安然无恙、深夜会情郎。见此，有的同学戏说："这真是爱情的伟大力量呀！"而对于那个躲开甚至已经逃跑的男友，又有同学说："这年头，热恋中的女人就跟中了魔似的，智商都下降了！"

·魔律要点·

男人热恋时有用不完的聪明；女人热恋时却易变得愚蠢。

争吵定律：争吵，恰到好处才是好

夫妻在家庭生活中不论怎样进行心理调试，也难免有矛盾。如果处理得不好，矛盾就会激化，表现为争吵、分居，甚至离婚。在正常情况下，人和人的关系处于平衡状态中，人的心理也处于平衡状态中；如果夫妻发生了争吵，甚至互相不理睬了、分居了、闹离婚了，这时，人的心理就处于一种失衡的状态。人的心理丧失平衡的时候，是很难受的，懊恨、气恼、后悔等情绪一起涌上心头。在这种情况下，人们都有一种力图恢复心理平衡的倾向。一般地说，夫妻吵架后总想言归于好，那么怎样才能言归于好呢？

争吵对于正常的人与人之间的关系而言是必不可少的。没有争吵，关系就不会健康地发展。关系越密切，争吵也就变得越重要。千万不要把争吵当作坏习气压制下去。这样的话，矛盾依然存在，而且会随着时间的推移，使人与人之间的关系越不正常。

但是，夫妻间怎样争吵才能恰到好处呢？

首先，夫妻之间最好不要吵架，当一方发火的时候，另一方不要"针尖对麦芒"，"以牙还牙"。在没有吵起来的时候，恢复友好气氛也容易；如果吵起来，就容易弄得不可收拾。

但是，如果不幸，吵架爆发了，吵过以后，要若无其事，在家里该怎么讲话就怎么讲，该干什么还是干什么。"天上下雨地上流，小两口吵架不记仇"，牙齿哪有不咬舌头的？这时，千万不要互不理睬。如果吵架以后行若无事，那么心理平衡就会很快恢复；如果互不理睬，那么丧失心理平衡的时间会延续得比较长。

有一幅漫画很有意思：

夫妻两人在公园里吵架，吵得很凶。妻子手里拿着一把伞。忽然，乌云密布，下大雨了。于是两个人也不吵了，共打一把伞，身体靠在一起，回家去了。

还有一则笑话也很有意思：

夫妻两人多次吵架，最后决定离婚。于是，两个人一起到乡政府去办离婚手续。路上经过一条小河，由于发大水，水深了，过不去。这时，丈夫二话不说，把妻子背过去了。妻子到了乡政府，说不离婚了。问她为什么，她说："如果离婚了，回去的时候谁背我过河呢？"

的确，在家庭生活中，一对关系密切的伴侣互不理睬了，那是很别扭的。这时，双方都有后悔情绪，都希望打破这个僵局，但是谁都感到难以先启齿，于是，夫妻一直处于"中断外交关系"的状态之中。这时，最好有一方姿态高些，主动打破僵局，诚恳地和对方谈一次，多作自我批评，少责备对方，从而迅速恢复心理平衡。往往是先和对方谈心，谈心前感到千难万难，谈心后如释重负，豁然开朗，觉得早该这么做。

幸福婚姻和家庭不可缺少的元素：

1. 宽容：人非圣贤，孰能无过？在婚姻的漫漫旅程中，不会总是艳阳高照、鲜花盛开，同样也有夏暑冬寒、风霜雪雨。面对生活中的一些小矛盾，学会宽容和忍让，你就会发现，幸福其实就在你的身边。

2. 信任：相互信任是婚姻巩固的基石。没有巩固的基石，也就不会有爱情的枝繁叶茂。

3. 沟通：夫妻生活以及生命中的各种因缘际遇，是一种不断变化、不断消亡、不断更新的动态过程。自以为很了解对方，却没想到心中的爱人，也会随着时光岁月，渐渐成熟与变化。只有通过沟通，才能让变化中的人彼此了解，才能让爱情之树常绿常青。

4. 责任：责任是夫妻双方要对自己的家庭共同承担的义务。如果失去了责任的约束，任由内心的各种私欲膨胀，那么，结果就是爱情的枯萎、婚姻的死亡。

 **·魔律要点·**

也许在懂得爱情的夫妻那里，推心置腹的争吵能使爱情进一步巩固。

家庭观念定律：男人经营事业，女人经营家庭

在许多人眼里，不回家的男人肯定是问题多多。在外偷情，对妻不忠，行为不检，诡秘异常，轻浮放纵，不羁难驯，无所事事，虚度光阴……但当我们在某个特别的城市，某个特别的时段，某个特别的角落里，真实地接近、揣摩，耐心地聆听、洞察他们时，却发现这些不回家的男人们各自都有自己不回家的苦衷和缘由。

男人不爱回家，很大程度上与他们承担的社会角色有关。男人一生的重心都放在了社会上，家庭只是男人休养生息的地方，精神与情绪调整好了之后，还得到社会中搏击。晚上该回家却不急于回家，是男人潜意识里对社会的某种依恋，哪怕只是同事之间打打牌，也是这种依恋的淡淡抒发。

下班不回家，似乎意味着忙，意味着应酬多，意味着社交能力强，意味着他在社会上的重要性——男人的本事大小与回家的时间几乎建立了成反比的数学关系：下班回来得越晚，出息越大。所以，这就让许多男人常常在下班回家的时间问题上颇为踌躇。据说，有的男人即使今晚没人请他吃饭，居然也会给太太打个电话，"喂，我晚上有个应酬，不回家吃饭啦！"紧接着，再给快餐店打电话要一份盒饭，然后待在办公室看看报纸，练练书法，一直坚持到午夜 12 点，这才打道回府，一派日理万机的样子。

晶和雷在一起之后，每天总是按时回家奉上爱心晚餐，随后两人散步，欣赏影碟，每周三两人一起同练瑜伽，周六晚上约朋友吃饭……这样的生活，完美得让晶觉得这就叫一生相守。可是，雷从第二个月开始，就借口加班，

总是很晚才回到两人的小窝。

女人和男人对家的定义不一样，女人以家为天，认为它是生活的重心。男人却认为那只是征战后休息的地方。所以，不要强求男人去适应你的居家生活步调，无趣的重复会让他想要逃避。

对女人来说，在要不要男人回家这个问题上有很多方面让她们矛盾，理智和情感的天平总是难以在女人们的心中找到一个平衡点，由此很多女人一直在这个问题上苦恼着。

"又是加班！你数数，这个月你已经有多少次没回来跟我吃晚饭了！黄金周还要丢下我跟同事出游，还说不能带我去，说什么要加强人际关系！工作真就那么重要吗？那你们公司的谁谁谁为什么不像你这样忙得吐血呢？我看你是根本就不想回来吧，你一点也不爱我，一点也不把我放在心上！"

这样的例行哭骂，常常发生在蕾和周这对恋人的对话中。周的心里，的确为平时不能多陪蕾一会儿而内疚，可他也有点困惑，为什么每次加班加到八九点时，自己仍然宁愿留在办公室再做点事，也不愿早回到家里呢？

没错，不回家的男人多少总有一点内疚感。但若你总强调这一点，他们干脆就来个拖延战术，等候你来一次总爆发算了。周的心中有这样一个潜意识：反正我9点回去也要面对她的抱怨，那还不如12点再回去，少受一点罪。

理智上，女人知道男人要在外面有应酬有交际，这样有利于男人事业的发展，所以如果一个男人每天晚上都在家里待着，女人就会认为这个男人没有交际、没有朋友、没有本事。这时候，男人得到的将不是女人的选择，而是女人的数落。似乎男人的闲暇只有当他们没有闲暇的时候，才显出珍贵。所以，女人们经常不得不忍痛"割爱"，让自己独自一人守空房，但在情感上，女人其实很难忍受独坐空闺的寂寞，巴不得男人能够整天围着自己和家庭转，希望家里永远都热热闹闹。

Sam 在压力很大的会计师事务所工作，June 很想成为他的事业贤内助，于是，在他下班回家后，June 总会充当小军师的角色，为他出谋划策。她的商业经验的确起了很大的作用，Sam 的工作一天比一天出色。可有一天，两人吵架后，Sam 却对她大吼："你以为我需要你的指点吗？"此后，三天不回家。

男人回家之后，最想做的就是把工作丢在一边，放松一下。可身边老是站着一个想要将他重新带回工作气氛的情人，怎么高兴得起来？他其实不反感你的协助，只是觉得时间和地点都不对头。此外，他还有一点小小的自尊要维护。

 ·魔律要点·

"晚出夜不归"的是男人；"多想这个家"的是女人。

婚姻是一道分水岭，把人的一生分成婚前和婚后两半。跨过婚姻的门槛，走进了"里面的人想冲出去，外边的人想挤进来"的围城，才发觉婚前和婚后其实是两道不同的风景，是两道永不交汇的河流。

婚前婚后定律：情感岁月中的能量守恒

一朋友发来的段子：所谓男人，是婚前叫"跟班"，婚后叫"老爷"的家伙；所谓男人，是婚前看你，婚后看报的那个人；所谓男人，是婚前在床底下找袜子，婚后向太太要袜子的人，要的方法是："你又把我的袜子弄到哪里去了"；所谓男人，是婚前买了衣服送给你，婚后每每穿那件穿过 101 次的服装，他总是说："怎么没见过，什么时候买的"的那个人；所谓男人，是婚前你说一句话，他整夜都睡不着，而婚后你一句话还没有说完，他却已经睡着了的那个人……

看完，当即莞尔一笑，"段子"虽属夸张，却是有感而发。在女人眼里，男人婚后的变化确实有目共睹。婚前的男人殷勤地为女人掏腰包、擦凳子、扇扇子，你叫他做什么他就做什么，你不叫他做什么他也想着做点什么。他恨不得24小时都腻在你身边，朝思暮想着和你寸步不离，没有时间挤出时间，没有条件创造条件，目的只想和你多待一会儿。婚后的男人是床有多宽，和你的身体距离就有多远，拥吻成了多余，爱情沦落为最无聊的话题，家似乎只是男人累了可以睡个安稳觉的地方，而你似乎只是让他睡得干净吃得舒服的那个人。婚前的男人只要你一蹙眉、一嘟嘴便心慌意乱，你一跺脚他便诚惶诚恐。婚后的男人面对你的唠叨和生气，老实点的学会了睁一只眼闭一只眼，打不还手，骂不还口，练就了死猪不怕开水烫的本领；不老实的任凭你暴跳如雷，他挥一挥衣袖，不带走一片云彩，外面多的是清幽之地，他落得耳根清净。

有个男人，婚前把单身宿舍收拾得井井有条，衣服洗得干干净净，叠得整整齐齐，女人看在眼里喜在心里，暗自庆幸找到了一个勤快又爱干净的男人。可婚后，男人的变化让女人瞠目结舌。脏衣服遍地开花，臭袜子如定时炸弹般散落在沙发旁、床头。回到家便迫不及待和沙发亲密接触，不到吃喝拉撒的关键时候绝不起身，扫把倒地他绝不会想着要扶起来，家里的厨房成了他最陌生的领地。电脑屏幕永远比女人的脸好看，天天盯着也不会有审美疲劳。任凭女人在耳边"滔滔不绝""口若悬河"，乃至怒发冲冠，他自岿然不动，依然"坐如钟""站如松"。

男人婚后角色的悄然变换，让女人无所适从，感觉仿佛一下子从天堂跌到了地狱，恋爱时女皇般的地位仿佛迅速被篡了位、夺了权。于是，女人开始抱怨，为什么男人婚前婚后的变化这么大啊？男人也抱怨，为什么婚前温柔可人，婚后变成了河东狮吼呢？男人和女人在婚姻里的幸福感顿失，因此有了"婚姻是爱情的坟墓"一说。

其实，婚后男人的变化，女人是不是起了推波助澜的作用呢？

DD曾和一男士聊起婚后男人的变化，列举了N条罪状，说着还一副义愤填膺的样子，男人轻描淡写地一笑：我们这样还不都是你们女人给惯的！DD气结，却不得不承认他一语中的。女人穿过了婚纱，戴上了戒指，以为自己掉进了甜蜜的罐子，从此收起了骄傲的翅膀，不管不顾地张罗起自己的幸福来，慢慢地变成"我的眼里只有你"，为男人忙前忙后，不亦乐乎。他一回来，就给他拿拖鞋，倒茶水，奉上一日三餐，把他伺候的像个少爷。慢慢地，他对你无微不至的关怀养成了习惯，心安理得地接受你的服务；你哪一天没伺候好，他还要生你的气。

有人说得好：男人在婚前是钓鱼，婚后是吃鱼，自然用不到鱼饵了。女人自己都跳进男人的鱼缸里了，男人是绝不会再去找鱼饵了的。所以，如果你爱这个男人，那就认命吧！为他做这一切均发自肺腑，累中有乐，乐中有甜；如果不爱他的话，那就赶紧走人，免费的午餐绝不要给他吃，天下没有这等美事。

既然世上90%的男人都印证着婚前婚后定律，那么已婚女人们又该如何应对呢？

已婚女人一定要有一份工作，有稳定的收入，只有经济上的独立才能保证人格的完整。不要听信男人的话，说什么"你在家享福，我来养活你"，当他把钱放在你手上时，你会觉得他像在施舍一个乞丐，你一点尊严都没有。

已婚女人一定要有自己的爱好。要多看书，"腹有诗书气自华"，聆听过古典音乐的耳朵，欣赏过世界名画的眼睛，吟诵过唐诗宋词的嘴巴，所表现出来的优雅和高贵，是任何化妆品也修饰不出来的。爱家庭，不要拘泥于家庭，已婚女人至少要有两个好朋友，男女各一。女朋友是用来探讨和总结生活经验的，一起去逛街，喝茶，买衣服。男朋友是用来倾诉和讨怜惜的，他会给予你欣赏和肯定，并且从男人的角度帮你解析这个世界，这种感觉和老公的爱是不同的。

已婚女人疼老公，爱孩子，更要珍惜自己。给他买名牌服饰，自己也要穿得体的时装。已婚女人一定要用你的温柔和爱心营造出一个温馨和谐的家庭氛围。在物欲横流的今天，男人在外面打拼也是很辛苦的。回到家，要把浮躁喧嚣关在门外，得到心灵的宁静。成功了，为他高兴；失败了，要告诉他"夫妻能长相厮守，一家人都平安健康，就是最大的幸福"。要有一颗平常心，千万不要用"谁的老公买了新别墅，谁又换了新车"这样的话来刺他，那会很伤他自尊，也会让他鄙视你。一定要善待老公的父母，不需要去刻意迎合，把他们当作自己的亲人就好了。这样，老公会感谢你的贤惠懂事，也会以加倍的爱回报你的亲人。

还有一点就是不要轻易怀疑你的老公。每个女人都渴望在漫长的人生路上，和亲密的人牵手而行，寸步不离。然而现实情况是，他总会像个孩子，撇下你，一个人跑到前面，或者落到后面，被路旁的花花草草所吸引，追蜂逐蝶，忘乎所以。女人不要太计较，只要他在风雨来临时，回来为你遮风挡雨，就不失为好男人。有许多时候，不是男人想离开，而是妻子发现了一点蛛丝马迹，就好像大祸临头，去单位闹，找亲人哭诉，也许这时候什么还没有发生，却闹成了已成事实的局面。你的小气和多疑，正好反衬出情敌的温柔和宽容。是你不留一点余地，把丈夫推到别人身边。如果发现异常，你一定要冷静，只需要适时点一下，他会回心转意的。在丈夫心中，娇妻爱子、辛苦建立的家庭是他的珍宝，千金不换的！一般的男人都缺乏"推倒一切重来"的勇气，不到万不得已，他不会抛开。你要相信这一点，不要整天发发自危，而是要让他有心理压力，怕这么冰清玉洁、温柔明理的妻子被别人抢走。

一对夫妻长年累月厮守在一起，丈夫一下班就是回家陪伴着妻子，妻子除了参加少量的妇女会组织的活动外，大部分时间都待在家里。这是一个典型的的小家庭，表面温馨、和睦。可天长日久，他们都觉得日子过得太平淡、索然无味。一次，丈夫因事要与公司的老板外出一段时间，丈夫走后妻子突然觉得换了个天空，白天她去参加社交活动，晚上邀几位朋友在家聊天，谈论妇女的热门话题。她觉得生活得非常充实和有意义。丈夫虽随老板有公务在身，但他却领略到了从未有过的自由和舒畅。两人重新见面后都感到对方强大的吸引力，新鲜而动人。

男女婚前的阅历和对待彼此关系的态度，对于婚后的生活是有影响的。能在婚前保持高尚的情操，品德越纯洁高尚，对未来伴侣的道德义务感也就会越强烈，婚姻就会越稳定。只有怀着纯洁的动机去爱，才能真正体味爱的美好和真谛。轻浮、不负责任、消解郁闷的爱是不健康的，是会让人堕落的。婚姻使爱情公证化，让我们享有爱与性结合的权利。人们一旦结婚，不仅承担了法律的和物质的责任，而且也承担了精神责任，更广泛地说，还有社会责任。

有很多人感叹"婚姻是爱情的坟墓"，难道真的是婚姻葬送了爱情吗？当婚姻使精神和肉体的结合不受阻碍的时候，新奇和欲望的满足感就会渐渐打折扣。并不是婚姻葬送了爱情，而是在婚姻的保护下，人们容易忽略维系爱情的精神支撑。于是，有些人把希望寄托在新伴侣的身上，不正当关系的结合表面上暂时满足了他们的某种心理和精神上的需要，而实际上则使自己更加空虚。这种肆意的行为是对自己、对家庭、对子女、对社会的极不负责任，这才是葬送爱情的罪魁祸首。

维系婚姻和爱情的长久，需要双方的共同努力和珍惜。时刻给自己设定道德的防线，时刻在婚姻和爱情中寻找精神的支点，只有精神生活丰富的爱情才能得到巩固。

两性生活中，除非夫妇能够相互尊重对方的嗜好，并给他或她一个空间，否则没有一对夫妇是幸福和完美的。如果希望两个人有相同的思想、相同的意见、相同的愿望，这是可笑的、愚蠢的想法。实际上是不可能的，也是令人感到乏味的。

在日常生活中，常常会出现这种情况：妻子总希望丈夫能待在自己的身边，可是丈夫并不愿意。虽然妻子给了丈夫可口的饭菜，给了丈夫许多温存和女性的温柔，丈夫仍感觉不到十分欢愉。相反，他们会感到空虚、无聊，妻子"粘"得越紧，丈夫的这种感受就越浓。

爱情是美妙的，是两性之间最为浓稠的调料。情感是复杂的，比理性的思考复杂得多，人们有时变脸比翻书还要快。心理是难料的、莫测的，它给人带来了无限的幸福与忧愁。两性之间，爱情的震荡，情感的波澜，心理的摇撼，能创造出丰富多彩的人生乐章。

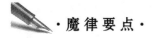 **·魔律要点·**

婚前，男人说："你是我的一切。"女人会说："我属于你。"婚后，男人会说："我是你的一切。"女人会说："你属于我。"